建正工程师笔记丛书

本书受《温州地区建筑用气象参数研究》课题支持

绿色建筑室外风环境与
热环境分析入门

温州建正节能科技有限公司　组织编写

曾　理　万志美　徐建业　邱舒婷　李上志　等编著

U0197141

中国建筑工业出版社

图书在版编目（CIP）数据

绿色建筑室外风环境与热环境分析入门/曾理等编
著. —北京：中国建筑工业出版社，2017.6
（建正工程师笔记丛书）
ISBN 978-7-112-20695-7

Ⅰ.①绿… Ⅱ.①曾… Ⅲ.①生态建筑-室外-风-环
境-研究②生态建筑-室外-热环境-研究 Ⅳ.①TU119

中国版本图书馆 CIP 数据核字(2017)第 086029 号

　　本书为温州市住房和城乡建设委员会课题资助项目，是针对绿色建筑风环境
和热环境分析的参考书。主要为遴选边界条件与提出建议分析方式，并给出一些
案例作为示范。
　　本书除可用于研究院、设计院、咨询公司、地产公司的绿色建筑从业工程师
参考外，还可供建筑技术科学专业的辅助教材使用。

责任编辑：吴宇江
责任校对：焦　乐　党　蕾

建正工程师笔记丛书
绿色建筑室外风环境与热环境分析入门
温州建正节能科技有限公司　组织编写
曾　理　万志美　徐建业　邱舒婷　李上志　等编著
*
中国建筑工业出版社出版、发行（北京海淀三里河路9号）
各地新华书店、建筑书店经销
北京科地亚盟排版公司制版
北京京华铭诚工贸有限公司印刷
*
开本：880×1230毫米　1/32　印张：6¼　字数：183千字
2018年2月第一版　　2018年2月第一次印刷
定价：**20.00**元
ISBN 978-7-112-20695-7
（30302）

绿色建筑室外风环境与热环境分析入门
编委名单

主　编　曾　理

副主编　万志美　徐建业

参　编　（第1章）吴　策

　　　　（第2章）项志峰

　　　　（第3章）邱舒婷　李上志　贾宏涛

　　　　（第4章）林胜华　孙林柱　王雪然　林　将

审　核　叶　青　孟庆林　赵立华　徐　雷　葛　坚

　　　　张三明　杨　毅　丁　德　龙恩深　魏庆芃

　　　　陈　飞　杨　丽　董　宏

配　图　李上志　邱舒婷　杨　进

建正工程师笔记丛书

◇《建筑技术科学（建筑物理）书目索引参考》
◇《绿色建筑室外风环境与热环境分析入门》
◇《夏热冬冷地区（浙江）建筑节能设计简明手册（第2版)》

前　　言

本书成于国务院办公厅 2013 年 1 月 1 日的国办发【2013】1 号《绿色建筑行动方案》后，各省市紧锣密鼓跟进本地版本《绿色建筑行动方案》时，有感于同业同行对于《绿色建筑评价标准》中提及的室外热岛与风环境认识不一，故将经验总结做一番陈述，希望更多的城市能够获得有绿色奥斯卡荣誉的国际宜居城市称谓，希望本书能够起到抛砖引玉的作用。

本书对绿色建筑设计中风环境与热环境（热岛）模拟分析方法进行了相对系统的阐述。风环境与热环境是建筑物理环境模拟中最重要的组成部分，考虑到各地绿色建筑标准规定略有差异，故首先介绍了绿色建筑整体现状及政策、规范的情况。在第 3 章中着重介绍了风环境与热环境（热岛）模拟分析的边界条件设定，这一部分知识对于理解风环境与热环境（热岛）模拟分析过程及获得相对可靠模拟结果是有帮助的。本书的成形基于实际工程，同时坚持理论的完善，第 4 章着重介绍在风环境与热环境（热岛）模拟分析在不同实际工程中应用，及其各自特点，或许对同行们的工作有所裨益。

本书内容主要来源于工程实践，最初设想即是为有意愿从事绿色建筑事业的工程师作上岗培训之用，故亦可作为科研院所、设计院、咨询公司等的研究与设计人员的工作参考使用，也可作为土建专业、景观专业或规划类专业的相关教师、学生等的教学参考书。

风环境与热环境的模拟与分析是跨学科的，它结合了建筑技术科学、流体力学、气候学、景观学等专业。管窥一隅，全书文字及内容难免有不足之处，恳请广大前辈、专家及同行们予以批评指正。

本书是继《建筑技术科学（建筑物理）书目索引参考》、《夏热冬冷地区（浙江）建筑节能设计简明手册》之后的建正工程师笔记丛书的第三本，欢迎诸位专家学者来信与我们交流。联系邮箱：becrc@vip.qq.com

目　　录

第 1 章　绿色建筑与建筑环境

绿色建筑的概念起源于 20 世纪 70 年代，伴随世界性能源危机蔓延，瑞典斯德哥尔摩召开联合国第一次人类环境会议，提出人类"只有一个地球"的口号，从此相关研究开始广泛展开。绿色建筑研究在中国起步较晚，由于产业转型升级，能源问题和环境问题逐渐凸显，学界和政府才认识到绿色建筑在解决能源问题，缓和经济发展与环境保护的矛盾，维护经济可持续发展，推进和谐社会建设方面具有重要作用，对绿色建筑的研究才逐步兴起。即便如此，由于绿色建筑的研究内容具有多学科交叉的特征，以及学者专业背景乃至认识程度、高度差异，学者们对绿色建筑的基本内涵作了不同的诠释，但对其基本特征是有共识的。

1.1　绿色建筑的基本特征

我们从绿色建筑背景入眼，可以看到为缓和激进的建筑政策、恶化的居住环境、地下水过度开采、城市热岛等等问题而出现的绿色建筑理念，使其诞生之时即带着公共利益色彩，同时也具有相对的社会影响力。作为和谐社会建设的组成部分，从绿色建筑角度确保公共利益落实就是绿色建筑本身的基本特征。

绿色建筑的公共利益特征对现行的建筑政策提出了约束，要求从发展的高度去看待社会绝大多数人的利益，不仅仅是看重当下，更要看重将来的可持续发展。因此，国办发〔2013〕1 号《绿色建筑行动方案》作为绿色建筑推进准则是顺理成章的，其反映和代表的精神，具有鲜明的标杆旗帜效应。

绿色建筑除了在公共利益特征以外，同时也具有整体性特征。绿色建筑跨专业、跨学科，各模块相互作用、相互依赖，共同组合成一个具有特定性质和功能的有机整体的特性。虽然绿色建筑是针对开发建设与可持续发展之间寻求平衡点，但这个问题总是和其他问题连成一片，相互关联，相互影响，所以单凭民间力量推动是非常局限的，主要还是要通过政府行为制定系列公共政策并形成一个整体的权威的政策体系。

追求可持续发展是绿色建筑的基本目标。立足现在表明绿色建筑的严肃性，着眼未来表明绿色建筑的连续性与前瞻性，这反映出绿色建筑有稳定性的一面，也有变动性的一面。因为在当前经济形势下，在当前建筑产业格局下，公共利益在协调与平衡上反映出来的问题，随着社会环境变化、国土资源发生改变或原有公共政策已无法满足日益增长的公共利益需求时，绿色建筑所涵盖的内容也要随之改变。

绿色建筑最大的优点在于因地制宜、因时制宜的原则。绿色建筑的因地制宜、因时制宜并不是"上有政策，下有对策"的无节制滥用，而是将相关精神与实际情况结合起来去指导实践工作。政府出台的各级政策、标准、规范、意见及文件已经清晰地指出不可逾越的强制性原则范围，同时也划清了允许根据客观实际情况的变化而变化的范围。

1.2 绿色建筑的政府支持与政策推动

绿色建筑是政府对公共利益再分配的一种形式，其目的在于将公共利益合理、有效地进行二次分配。例如：对部分绿色生态节能产品免征税，对符合高星级标准的绿色建筑进行财政补贴（《关于加快推动我国绿色建筑发展的实施意见》，财建〔2012〕167号；《上海市建筑节能项目专项扶持办法》，沪发改环资〔2012〕088号）等。

政府以普及绿色建筑为目标，颁布相关规范、标准是达到预期的前提条件之一，所谓"有法可依，有法必依，执法必严，违法必究"（十一届三中全会，社会主义法制建设的十六字方针）。同时跟进相应的导则与实施细则，作为行为准则来规范和指导建筑市场行为，协调各方面利益关系，从而实现资源的再次优化配置，维护建筑业的合理秩序，保护建筑业的健康发展，促进既定目标的实现。

政府发布的相关政策是推动绿色建筑发展的制度保障。从绿色建筑发展的动力而言，更是建筑业自身发展需求的另一方面。绿色建筑的发展也是共建和谐社会的一个重要组成部分。

绿色建筑的可持续发展也体现在相关政策的与时俱进，既遏制建筑能源消耗浪费的扩大与城市生态的恶化，保证了建筑业的健康发展，又维护了和谐社会的平衡协调发展。

1.3 建筑物理环境在绿色建筑评价体系中的意义

中国古代有种工作叫作堪舆，又叫看风水，去其糟粕，以今人技术的眼光去看待，即考虑不同地方进行建筑活动所面临的不同困难，趋向于自然的有利因素，规避灾害等不稳定因素，追求相对恒久的可持续性建筑与生活。

绿色建筑是对现代建筑行业的反思和超越，是人类文明的进步、社会发展的标志，是科学发展观在现代建筑行业上的呈现，是以人为本的和谐生态价值观的反映。绿色建筑不是形式主义，更不是面子工程，它是科学发展建筑行业的内在要求，是生态效益、地产增值和民众满意的有机产品：生态效益追求的是环境和谐、生态平衡，保证长远的可持续发展；地产增值即为经济效益，放在整个城市生态圈去考虑，降低废弃物产生，避免先污染再治理的怪圈，减少相关的劳动耗费、能源损耗就是其经济价值所在；民众满意即为社会效益，响应社会对于健康的呼声，克服商业地产一些不恰当的价值导向，把提高民众的满意度、赞成度、认可度作为目标最合适不过。

建筑环境是人工的，是空间的，也是物质的。利用建筑和建筑物之间的空间关系，对建筑环境进行设计，使用隔断和阻拦手段，鼓励或者阻碍某种行动，从而体现设计者的空间意图。换言之，建筑环境也可视为建筑物和建筑物的关系，以及它们的整体空间结构。设计目的是使环境特点与最终用户人群行为相一致，可以这样说，建筑环境是人们为了支持某些行为而有意构建的物质实体。

环境不只是建筑的开始，设计一个建筑需要首先考虑其所处的环境因素（风、光、热等），环境也是建筑物领域的拓展，有虚的有实的，有指标性的也有非指标性的，有符号性的也有心理暗示性的，目的是达成一种美妙的和谐，以使建筑物的环境适合工作、学习和生活。我们所说的建筑物理环境未必可视化，但通常是可量化分析的。

建筑物理环境一般指人体通过视觉、听觉、嗅觉、触觉等各种感官对所处的室内外空间进行的感知。刘加平院士在《城市环境物理》①中按人类活动与城市物理环境的互动关系将其分为：热环境、湿环境、风环境、大气环境、光环境和声环境六个方面。在现行的绿色建筑评价体系中物理环境子系统主要包括风、光、声、热四大环境系统。

风环境是指室外自然风在城市地形地貌（建筑群落、高架桥等）或自然地形地貌影响下形成的风场。绿色建筑评价体系中关注对应的风速、风压等。

光环境系统，即建筑的自然采光系统与人工照明系统，由室外光环境系统和室内光环境系统组成。绿色建筑评价体系中除日照与采光以外，还有大量建筑电气工程师的工作范畴。

热环境系统一般是指符合节能要求，兼顾环保、卫生、安全等原则的建筑物热性能，包括使室内热环境达到一定温度、湿度，并能根据气象条件和居住功能变化进行调节，满足人体健康性、舒适性要求的热环境。在绿色建筑评价体系中，热环境系统也包括了室外热环境（城市热岛）内容。

声环境系统是指对人耳听力无伤害，满足国家标准规定的适用建筑声环境。在绿色建筑评价体系中，既有室外声环境要求，也有室内声环境要求。

在本书后续章节中，主要针对绿色建筑评价体系中的室外风环境与热环境展开描述。

---

① 刘加平. 城市环境物理 [M]. 北京：中国建筑工业出版社，2010。

第 2 章　绿色建筑政策标准与建筑物理环境

2.1　绿色建筑政策

自 2006 年 6 月我国第一部绿色建筑类国家标准实施以来，绿色建筑理念开始真正走入实际工程。此后从国家到地方各级政府都陆续颁布各种政策进行动员和推进（详见附录 D）。

从政策主体层次和影响力，可分为中央政策和地方政策。例如：中央政策有《关于加快推动我国绿色建筑发展的实施意见》《国务院办公厅关于转发发展改革委住房城乡建设部绿色建筑行动方案的通知》等，地方政策有《北京市绿色建筑行动实施方案》《海南省绿色建筑行动实施方案》等。

从政策内容来分，可分为总政策、基本政策和具体政策。例如：总政策有《建筑业发展"十二五"规划》，基本政策有《国务院办公厅关于转发发展改革委住房城乡建设部绿色建筑行动方案的通知》，具体政策有《江苏省绿色建筑行动实施方案》《山东省绿色建筑行动实施方案》等。

住建部发文《建筑业发展"十二五"规划》作出了方向性规划，指出开展绿色施工示范工程等节能减排技术集成项目试点，全面建立房屋建筑的绿色标识制度，确立绿色建筑、绿色施工评价体系。

财政部协调住建部发文《关于加快推动我国绿色建筑发展的实施意见》（财建〔2012〕167 号）明确二星级及以上的绿色建筑给予奖励。2012 年奖励标准为：二星级绿色建筑 45 元/m² （建筑面积，下同），三星级绿色建筑 80 元/m²。绿色生态城区给予资金定额补助。资金补助基准为 5000 万元。

《国务院办公厅关于转发发展改革委住房城乡建设部绿色建筑

行动方案的通知》（国办发〔2013〕1号文件）从内容上解读完全可以作为全面动员令来看待。其要求政府投资的国家机关、学校、医院、博物馆、科技馆、体育馆等建筑，直辖市、计划单列市及省会城市的保障性住房，以及单体建筑面积超过2万 m² 的机场、车站、宾馆、饭店、商场、写字楼等大型公共建筑，自2014年起全面执行绿色建筑标准。

北京市积极出台大量绿色建筑相关的标准与规定，第一时间发布《北京市绿色建筑行动实施方案》，对国办发〔2013〕1号文的要求作出落实响应，并进一步提出引导工业建筑按照绿色建筑相关标准建设。该市住房城乡建设部门还制定绿色建筑工程计价依据，同时强化绿色建筑评价标识管理，结合施工图审查，简化一星级绿色建筑设计标识评价程序，并研究简化相应的运行标识评价程序。

海南省住建厅重点提出海口市、三亚市和儋州市的保障性住房全面执行绿色建筑标准，其他市县新建保障性住房30％以上达到绿色建筑标准要求。

河南省住建厅在响应国办发〔2013〕1号文之外，还鼓励城市新区集中连片发展绿色建筑，建设绿色生态城区，其中二星级及以上绿色建筑达到30％以上。

湖南省住建厅特别提出全省创建5个以上示范作用明显的绿色建筑集中示范区。

江苏省住建厅的政策力度相比较大，2013年制定出台的《江苏省绿色建筑设计标准》，将一星级绿色建筑控制指标纳入标准强制性条文。2015年，全省城镇新建建筑全面按一星及以上绿色建筑标准设计建造；2020年，全省50％的城镇新建建筑按二星及以上绿色建筑标准设计建造。

陕西省住建厅的实施方案亮点是结合地方特色，推进绿色住宅小区和绿色农房建设。2013年12月底前，制定并发布施行陕西省绿色住宅小区和绿色农房建设指导意见、技术指南等。

四川省住建厅提出2014年起政府投资新建的公共建筑以及单体建筑面积超过2万 m² 的新建公共建筑全面执行绿色建筑标准，2015年起具备条件的公共建筑全面执行绿色建筑标准。

总而言之，各级主管部门在各地绿色建筑规划与实施中，依据既有工作基础、考虑经济发展情况差异，有步骤有区别地分阶段实施，较好地在政策层面对于创造健康适宜的建筑环境起了较好的推进作用。

2.2 绿色建筑规范与标准

绿色建筑的核心是环境友好、生态、因地制宜。在相关规范、标准中，相当多的控制性指标其实都是基本的要求，在实际工作中还能做得更好；但也有些指标虽然控制性指标相同，但实际却是有明显地区差异的，具体就建筑风环境与建筑热环境而言更是如此。

在《绿色建筑评价标准》GB/T 50378 中，对于建筑风环境与热环境即提出了明确的量化要求，其后各地施行的绿色建筑评价标准逐渐提出了一些深化的要求，及至近年来的地方节能规定及绿色建筑设计标准（详见附录 E）更是在细节上作了更多的完善。

总的说来，建筑热环境着重针对的是居住建筑，要求是"室外日平均热岛强度不高于 1.5℃"，建筑风环境针对居住建筑和公共建筑提出了一样的要求，"建筑物周围人行区距地 1.5m 高处风速低于 5m/s"。

2.2.1 建筑风环境

《绿色建筑评价标准》GB/T 50378—2006 的 4.1.13 条与 5.1.7 条文对风速提出了要求。GB/T 50378—2014 中的 4.2.6 条中也有同样要求简单地讲，风速主要的影响因素包括风压与地面粗糙度，主要的结果评价形式以最高风速与风力放大系数较常见。

其中，地貌因素造成的地面粗糙度差异问题对风速的影响是非常大的。《地貌学》（1985 版）[①] 中提到，陆地地貌分为山地、高原、平原和盆地，山地包括起伏低的丘陵、准平原、河流阶地。以山城重庆为例，将标准的 5m/s 代入，出现的结果并不能真实反映

---

① 严钦尚，曾昭璇. 地貌学 [M]. 北京：高等教育工业出版社，1985：20-21.

工程的设计水平，反而对项目选址有一定约束性。《气象学与气候学》（第3版）[①] 对于城市平均风速作了一个统计，上海由于城市发展速度较快，年平均风速逐年明显变小，造成这个问题的原因就是区域建筑密度的增大，可以理解为由于地貌被人为大幅改变后造成风速变化。

地面粗糙度影响直接以《建筑结构荷载规范》GB 50009—2012的表8.2.1、表8.2.3提出的参数来考虑，也是一种办法，但和实际情况还是有不少出入。

另外，基于各地的气候差别，一些省市提出的以风速放大系数来进行指标控制是一种更理想的操作方式，即通过分析风速放大系数是否大于1来判定。因地制宜，在地区实施细则中完善，更有实际实施效果。

2.2.2 建筑热环境

从《绿色建筑评价标准》GB/T 50378—2006 的 4.1.12 条文解释看，建筑热环境的解读差异点有3处：①以 1.5℃ 作为控制值，基于多年来对北京、上海、深圳等地夏季气温状况的测试结果的平均值；②室外热岛强度（居住区室外气温与郊区气温的差值，即 8:00~18:00 之间的气温差别平均值）；③"郊区"一词的术语定义。GB/T 50378—2014 的 4.2.7 条则采用了"遮阴措施"和"太阳辐射反射系数"这两种与 2006 版全然不同的处置方式。

从我国气候分布情况来看，以北京、上海、深圳等地夏季气温状况的测试结果为依据作为全国的指导性指标在科学性上有待完善。根据《中国气候图集》[②]，以气温、降水和大气环流为参照依据，我国气候带分为北温带、中温带、南温带、北亚热带、中亚热带、南亚热带、北热带、热带、南热带、高原气候区域这9个气候带和1个高原气候区域。9个气候带又划分为18个气候大区，36个气候区；高原气候区域又划分为4个气候大区，9个气候区；根据《中国气候》（中国自然地理系列专著）[③]，以干燥度、平均气温、

---

① 周淑贞. 气象学与气候学 [M]. 北京：高等教育出版社，1997：256-258。
② 中央气象局. 中国气候图集 [M]. 北京：地图出版社，1966。
③ 丁一汇. 中国气候 [M]. 北京：科学出版社，2013。

降水量为切入点，将我国划分为 12 个温度带、24 个干湿区、56 个气候区；根据《建筑气候区划标准》GB 50178—93，以平均气温、相对湿度、年降水量等指标将建筑气候的区划系统分为一级区和二级区两级：一级区划分为 7 个区，二级区划分为 20 个区；根据《民用建筑热工设计规范》GB 50176—93，考虑不同地区的热工、节能，我国分为严寒地区、寒冷地区、夏热冬冷地区、夏热冬暖地区、温和地区这 5 个建筑热工设计分区；根据《城市居住区规划设计规范》GB 50180—93（2002 年版），为建筑师的日照计算提供分类标准考虑，我国分为Ⅰ、Ⅱ、Ⅲ、Ⅳ、Ⅴ、Ⅵ、Ⅶ这 7 个建筑气候区。综上所述，北京、上海、深圳所能代表的地域气候范围非常有限。

从术语定义角度来讲，"郊区"在绿色建筑规范体系并未被定义，我国学者目前关于"郊区"的解释，可分为地理和历史学派定义、行政区划学派定义、城市规划学派定义、社会经济学派定义，但从条文的字面意思解读，以及本书 3.3.4 节热环境模拟的边界值分析情况来看，在绿色建筑规范体系内的"郊区"定义，考虑植被（水体）覆盖率、建筑密度的区域差别所导致的温差会更合适。

现有规范中，部分地区提出以绿地率、太阳辐射吸收率、地面停车位遮阴和屋面绿化等工程情况综合考虑室外热岛强度问题作为建筑热环境评价形式也是一种不错的解决方案。

2.2.3 建筑风环境与热环境分析展望

随着计算流体力学模拟分析方法的蓬勃发展，以优化建筑环境为目的的预测工作方式成为可能，使得"怡人的住区环境"、"四季如春的休憩空间"不再是一句空话。

绿色建筑工作提倡的"以人为本"同样是以人为根本、以人为中心、以为人服务为工作目的、以人的生活条件与环境来分析和处理建筑上的问题，此处的核心应该是尊重人，而对于"住宅是居住的机器"这一种思想暂且不论，我们由"以人为本"来看待绿色建筑的时候，就是要肯定人的主体地位，关怀人的日常工作、生活，把可持续发展作为绿色建筑工作的出发点和归宿点，贯彻于绿色建筑工作的各个环境，体现在绿色建筑工作的方方面面。

如林徽因先生所说："其实建筑本身常常是时代环境的写照。建筑里一定不可避免的，会反映着各个时代的智识，技能，思想，制度，习惯和地方的地理气候。所以所谓适用者，只是适合于当时当地人民生活习惯气候环境而讲。"①

现行建筑风环境与热环境相关的规范与标准已是促进绿色建筑发展的一种成熟手段，但不是唯一手段，且主要追求覆盖范围足够广泛，强于指导意义，而强制性不足，故其落地实效必然有限，其能否有效果，很大程度上受制于执行人的自觉，若要起到更大的作用，需要各方面齐心努力，诸如加强宣传，开展模拟与实测对比研究，规范模拟分析方法与参数等。

我们可以看到各地都陆续出台关于建筑物理环境分析边界条件的标准与规定，这也是保证分析结果科学性、可靠性的一种做法（详见附录 A、附录 B、附录 C）。

时代在进步，社会在发展，随着城市居民安居保障房工程落地，改善性住房需求必然逐年上升。如何向建筑设计师提供协助，如何向房地产开发企业提供技术支持，怎样为项目提供契合当地气候与生活、工作特征的宜居建筑环境是今后面临的主要课题。

---

① 林徽因. 林徽因讲建筑 [M]. 西安：陕西师范大学出版社，2004。

第 3 章　风环境与热环境模拟

当今社会，人们对建筑环境的舒适度有了较高的要求。随着城市建设的进一步发展，"城市综合体"、"室内城市"等概念的相继提出，"舒适"对于人们来说不再局限于一个房间，一座建筑乃至一条街。人们越来越多地开始要求自己的活动区域内有简便快捷的交通，功能良好的设施，温和友好的环境物理条件等，以便于在生理和心理方面获得更多的满足。

如何利用建筑物的布局和自身结构，最大程度地利用和加强舒适的环境因素，削弱甚至消除不适的环境因素，营造出宜居的氛围，这是城市建设者们需要思考的一个问题。但当不利的环境因素已经存在的时候，要将之改变——无论是增添设备还是拆除障碍——往往需要付出巨大的经济和资源代价。对建筑物理环境进行模拟，可以让一些问题还在图纸上的时候就被发现，并能以较小的代价修正。

随着社会经济的发展和人民生活水平的提高，人们对建筑环境的舒适度也有了较高的要求，建筑能耗占国民经济总能耗的比例也越来越高。因此，合理的建筑物理环境模拟对提高建筑环境舒适度，制定有意义的建筑节能措施，营造适合当地气候条件的绿色生态建筑十分重要。

3.1　CFD 简介

CFD 是英文 Computational Fluid Dynamics（计算流体动力学）的缩写。在国内，人们习惯上称之为计算流体力学。计算流体力学的核心思想是通过将时间离散为时刻，将空间离散为网格节点，将流体力学方程组进行离散化，并转化为代数方程组，利用电子计算机求解这些代数方程组，从而得到流场在离散的时间和空间点上的数值解，进而获取所需要的信息。因此，CFD 也被称之为数值模拟、数值计算或数值仿真。

早在 20 世纪初，就已经有人提出用数值方法来解决流体力学问题，但是受限于当时的计算条件而无法实现。CFD 诞生于第二次世界大战前后，随着高速电子计算机的出现，用电子计算机来研究流体力学问题成为现实，CFD 成为继理论研究与实验研究后的"第三种方法"。在 20 世纪 60 年代，随着计算机技术的高速发展，CFD 逐渐演变为一门独立的学科。1963 年美国的 F. H. 哈洛和 J. E. 弗罗姆用当时的 IBM7090 计算机，成功地解决了二维长方形柱体的绕流问题并给出尾流涡街的形成和演变过程，受到普遍重视。1965 年，哈洛和弗罗姆发表《流体动力学的计算机实验》一文，对计算机在流体力学中的巨大作用作了引人注目的介绍。这些令人瞩目的成绩标志着计算流体力学（CFD）的兴起。

自 20 世纪六七十年代以来，随着计算机技术的突飞猛进，CFD 取得了飞速发展，人们通过 CFD 获得了很多重要发现，CFD 已经成为流体力学研究中的重要工具。随着 CFD 的进一步成熟，CFD 在工业应用中发挥着越来越重要的作用。目前，在国际上 CFD 已经成为研究复杂流动、传热、燃烧、多相流动以及化学反应的重要技术，广泛应用于航天航空、船舶、汽车、水利、环境、建筑、化工、生物医学以及机械制造等领域。相对于传统的研究设计方法，CFD 有着明显的优势。首先 CFD 与现在的数字设计紧密结合，可以在设计初期就进行预测从而帮助设计改进。其次，CFD 可以获得任意复杂流动的全部信息，结果直观并且全面，可以获得通过实验很难获得的重要信息。另外，CFD 技术还具有费用少，速度快等优势，从而帮助进一步降低成本，提高设计成功率。

CFD 在近十年取得了巨大的发展，在所有涉及分子运输、流体流动、热交换等现象的问题，几乎都能通过计算流体力学的方法进行分析和模拟。相关的经典应用场合包括流体机械的内部流动、汽轮机的动力设备、汽车流线外形的优化、航空航天飞行器的设计等等。在建筑环境领域，CFD 同样发挥着极为重要的作用，如区域气象环境预测、建筑室内外通风设计、建筑物火灾模拟、节能建筑设计和建筑物污染物扩散等。就当前而言，其运用主要集中在建筑抗风结构和建筑风载荷上，而建筑风环境与热环境对用户舒适度影响的模拟和评估还处在起步阶段。

目前，应用较为广泛的通用 CFD 软件有 Fluent、STAR—CCM＋、CFX、PHOENICS 和 CFD—ACE＋等。偏向人工环境特别是 HVAC 领域的 CFD 软件有 Airpak 等。

3.2　风环境模拟

风是地球上由空气流动引起的一种自然对流现象，由太阳辐射热引起。太阳光照射在地球表面上，使地表温度升高，地表的空气受热膨胀变轻而上升。热空气上升后，温度较低的冷空气横向流入，上升的空气因逐渐冷却变重而降落，由于地表温度较高又会加热空气使之上升，这种空气的流动就产生了气象学意义上的风。对于建筑方面狭义上的风，仅指这种气流循环中的近地运动部分。

风环境模拟能够让建筑师对建筑周围的风场分布有一个较为直观的认识，能进一步对夏季通风、冬季防风、避免污染源扩散对居民生活的影响等措施作出更好的设计，同时对景观植物分布、暖通室外设备布置等方面提供指导性意见。

3.2.1　名词概述

1. 风①

风是气象要素之一，是相对地表面的空气运动。通常指它的水平分量。一般用风向和风速（风力或风级）来表示。风向和风速总是随时间、空间变化的。气流的湍流性造成风的脉动和阵性，在一个地点的分布状况常用玫瑰图表示。

2. 下垫面②

下垫面是能与大气进行辐射、热量、动量、水汽、尘埃和其他

① 程纯枢. 中国农业百科全书：农业气象卷［M］. 北京：农业出版社，1986。
② 同上。

物理量交换的地球表面（如水面、裸地、岩石、冰雪，植被表面等）。下垫面是大气中大部分热量和全部水汽、尘埃的源地，它对气候有影响。这种影响过程由大气低层扩展到高层，由局地扩大到较大范围。小尺度的下垫面差异，形成各种小气候；大尺度的下垫面差异，如海陆分布、地形条件和极冰等，则导致大范围的气候差异，是形成气候的重要原因之一。

3. 大气环流①

大气环流是指围绕整个地球的大范围空气流动的平均状况。它由各种相互联系的气流（水平的和垂直的，地面的和高空的）所构成，是一个复杂的整体，是形成气候的重要因子。主要形成因素为：①太阳辐射条件造成的赤道与极地之间的温度差异；②由地球自转造成对气流运动的偏转作用；③地球表面海陆分布和地形条件的影响。

4. 气候尺度划分

大气候（Macroclimate），空间尺度 10^6 m，时间尺度 10^5 s。是指大尺度气候系统，如气旋、锋等②。大气候的形成取决于地理纬度、海陆位置、大气环流等。大气候的影响范围大，气象要素的梯度缓和。

小气候（Microclimate），空间尺度 10^4 m，时间尺度 10^3 s。是指在局部地区因下垫面影响而形成的贴地气层和土壤上层的气候，又称近地层气候，如雷暴、龙卷等。这种气候主要表现为一些气象要素、天气现象的局地差异。由于尺度小，局地差异不易被大规模空气运动所混合，致使气象要素的垂直和水平梯度很大，分布也可出现不连续。③

中气候（Mesoclimate），空间尺度 10^5 m，时间尺度 10^4 s。中气候是介于大气候与小气候之间的特殊尺度的气候。④

大气候中地转偏向力的作用相对重要，浮力可以忽略。在小气

---

① 程纯枢. 中国农业百科全书：农业气象卷 [M]. 北京：农业出版社，1986。
② 寿绍文. 中尺度气象学 [M]. 第 2 版. 北京：气象出版社，2009。
③ 同上。
④ 同上。

候中，浮力的作用相对重要，地转偏向力可以忽略。而在中气候中，地转偏向力和浮力的作用都必须考虑。[①]

5. 中尺度大气环流[②]

中尺度大气环流系统包括地行性环流系统和自由大气环流系统两大类，其中地行性环流又包括由于下垫面的起伏不平或冷热不均所引起的机械性强迫运动（如地形波、下坡风、尾流等）和热力性强迫运动（如热岛环流、海陆风、山谷风等）2类。

6. 热岛环流

在海岛上，由于岛屿陆地与海洋的温差，可以产生局地环流，称为热岛环流。白天由于岛上陆地温度升高，产生对流云，而当对流云达到成熟阶段后，产生下沉气流，与岛外气流辐合，出现环绕岛屿的积云圈。类似地，在陆上早上的浓雾区，到下午雾消后，原来的雾区温度低于周围地区上空，常会形成一个上热下冷的逆温层，上、下层空气间的热交换难以进行，下层冷空气得以保持稳定，因而形成一个温度相对较低的区域，称为"冷岛"，其周围可能出现对流云圈。这些由于局地温差而产生局地环流的效应统称为热（冷）岛效应。[③]

在城市中，有大量建筑物以及频繁的人类活动，因此热传导率和热容高于郊区和农村，造成城郊之间的温差，这种作用类似于海洋热岛效应，通常称为城市热岛效应。城市热岛环流可以使污染物在城市上空聚集，形成烟幕。[④]

在一些干旱地区的绿洲、湖泊（包括水库）等处，水汽的蒸发带走地表热量，形成冷岛效应，进而能够抑制蒸发，形成一个湿润、凉爽的小气候，对干旱地区的节水绿化非常有利。但在城市热岛效应的基础上，由于市中心大面积的公园和水体（典型如美国纽约市的中央公园[⑤]），或者空气中的雾霾、烟尘等削弱了地面的太阳

---

① 寿绍文. 中尺度气象学［M］. 第2版. 北京：气象出版社，2009。

② 同上。

③ 同上。

④ 同上。

⑤ 林宪德. 人居热环境：建筑风土设计的第一课［M］. 台北：詹式书局，2009。

辐射量，出现冷岛效应的叠加，则不利于城市中有害气体的及时扩散，反而加剧城市的空气污染。

7. 海陆风①

海陆风是在沿海地区发生的昼夜间有风向转换现象的风。一般日间吹海风，夜间吹陆风，总称海陆风，是一种局地环流。

昼间地表受热后，陆地增温比海面快，出现由海洋指向陆地的气压梯度，在下层形成由海洋吹向陆地的海风。

入夜后，陆地表面辐射冷却，使陆面气温低于海面，出现与日间相反的热力环流，下层风由陆地吹向海洋，形成陆风。

海陆风现象在夏季晴朗的日子最容易观测到。研究沿海地区的海陆风（或大湖沿岸的湖陆风）状况，对在这些地区的厂矿建设规划、避免空气污染具有指导意义。

8. 山谷风②

山谷风是在山区出现的方向有昼夜转换现象的风。日间风自山谷吹向山顶，称为谷风；夜间风自山顶吹向山谷，称为山风，总称山谷风，是一种局地环流。山谷风是由山坡与谷地的热力差异造成的。

日间，山体是伸入大气中的一个热源，它使山坡上的空气增温较多，而山谷上空同高度的空气则因离地较远增温较少，于是山坡上的暖空气不断上升，并从山坡上空流向谷地上空，谷底的空气则沿山坡向山顶补充，在山坡与山谷间形成热力环流。下层发展出由谷地吹向山坡的谷风。

夜间，山对大气是个冷源，山坡上的空气受山坡辐射冷却影响，降温较多，而谷地上方降温较少，山坡上的冷空气在重力影响下沿山坡流入谷地，便形成山风。

9. 城市小气候③

城市下垫面是一个人造的下垫面，其特点是人为的建筑（房屋、路、工厂、广场等）面积占绝对优势；市民的生产、生活活动排放出大量废气；燃烧和生物同化作用释放出大量人为热。在这些

① 程纯枢. 中国农业百科全书：农业气象卷［M］. 北京：农业出版社，1986。
② 同上。
③ 刘加平. 城市环境物理［M］. 北京：中国建筑工业出版社，2010。

因素影响下，城市出现了与郊区显然不同的局地气候，称为城市小气候。同时在城市内部，由于小范围的下垫面差异和人工热源的影响，不同土地利用区和功能区都有其特殊的小气候。

10. 城市风环境

城市风环境是城市小气候的一方面，即可看作城市区域内的风速风向分布。

城市由于下垫面特殊，具有较高的粗糙度，热力紊流和机械紊流都比较强，再加上城市区域的热岛环流，因而不论在城市边界层或城市覆盖层，对盛行风向和风速都有一定影响，使得城市区域风场分布复杂，和郊区风场分布差异很大。[①]

11. 建筑风环境

建筑风环境是比城市风环境更微观的风场分布情况。相同地区或城市中存在不同风格的居住形式和建筑特征，这些建筑因其各自的平面布局、空间组织、建筑形式、地形地势等，形成不同的建筑风环境。[②]

建筑室内风环境，即可看作室内空间的风速风向分布。良好的建筑室内风环境需维护自然通风，避免废气回流，保持功能空间的换气率，同时又不能过于强烈以致影响舒适度和日常活动。不同功能的建筑有不同的室内风环境的要求，这个概念同时还涉及建筑设备专业的气流组织设计。

建筑室外风环境，即可看作室外空间的风速风向分布。良好的建筑室外风环境主要针对提高人行高度处的舒适性，控制风速放大系数，规划"风道"，避免局部强风、涡旋和强烈紊流、夏季静风，避免污染物的扩散影响居民健康等方面。

12. 街谷与街谷风[③]

城市冠层内两侧都有连续的高大建筑物形成的相对狭长的街道

① 刘加平. 城市环境物理 [M]. 北京：中国建筑工业出版社，2010。

② （日）村上周三. CFD 与建筑环境设计 [M]. 朱清宇等译. 北京：中国建筑工业出版社，2007。

③ 顾兆林，张云伟，城市与建筑风环境的大涡模拟方法及其应用 [M]. 北京：科学出版社，2014。

称为街谷。街谷分为开放街谷和城市街谷 2 种。开放街谷又称孤立街谷，即街谷周围是空旷地面，在城市内较少见。城市街谷，即街谷周围存在很多类似街谷，在城市中较为常见，也是城市风环境的研究重点。

街谷风一般指城市街谷内的风场分布。由于城市街谷是居民的主要活动区域，街谷风也是对居民日常活动影响最大的一种风场。同时，相比海陆风、山谷风等气象风场，街谷风的模块非常微小，与人为活动密切相关的同时受人为活动影响也最大。

3.2.2　建筑风环境的典型效应

风场中的建筑物，如同水流中的石块，其存在改变了周围的流场分布，从而引起流体的速度和压力变化。随着城市建筑密度的增加，盛行风吹过建筑时受到不同的阻碍产生不同的升降气流、绕流、涡流等，使得建筑物周围的流场变得非常复杂。建筑物的体形和高度，建筑物朝向与主导风向的角度，建筑物之间的距离、布局方式等产生的各种典型效应，对居民活动区域舒适度的影响非常大。

狭管效应（the effect of narrow），又称峡谷效应，即当风通过的剖面变窄时，风速加大，在变窄的剖面处形成风速较高的区域的效应（图 3-1）。这种效应通常表现为自然峡谷地形对风的加速影响，但在现代城市中也同样存在。城市中建筑物林立，风在建筑物之间穿过时犹如穿行在高山之间的峡谷，一些楼间窄地的风经过"狭管效应"的放大，瞬时风力甚至能超过七级。

拐角效应，指当风垂直吹向建筑物时，在拐角处出现气流分离点，由于迎风面的正压与背风面的负压连通形成一个风速骤变的不舒适区域的效应（图 3-2）。这种效应通常出现在建筑迎风外表面的拐角处，角度越小越明显。而平面形状较为钝化、无尖角的建筑，拐角效应不明显，气流分离点也不固定。风场、声场、电磁场等分布空间中，由建筑拐角产生的拐角效应均有不同的指代意义。本书中的拐角效应仅指建筑风环境中情况。

风影效应，指在建筑物风影区（或称尾流区）中的无风或者风速变小的风环境效应（图 3-3、图 3-4）。风影效应通常表现为负压、

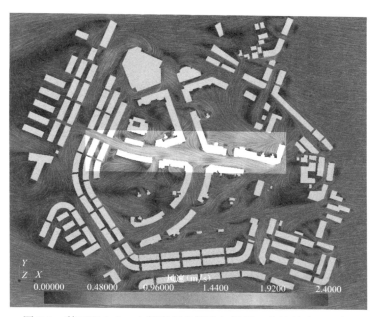

图 3-1　某工程 1.5m 人行高度处风速矢量图：狭管效应（局部）

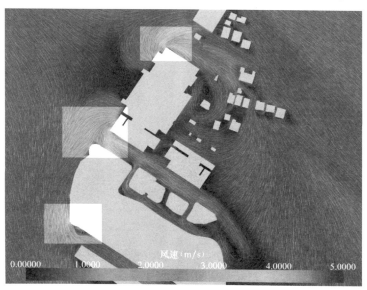

图 3-2　某工程 1.5m 人行高度处风速矢量图：拐角效应（局部）

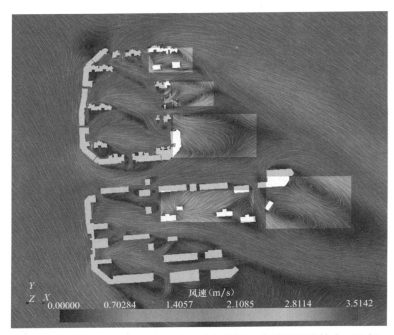

图 3-3　某工程 1.5m 人行高度处风速矢量图：水平面风影效应（局部）

图 3-4　某工程切面风速矢量图：竖向风影效应（局部）

边缘紊流、对周边建筑风场的干扰等。其影响范围随建筑高度的增加、迎风面积的增大而增大。污染源若处于建筑的风影区，风影效应将造成建筑物对污染物的阻滞甚至倒吸现象，不利于污染空气避开人群或自净。行人若处于建筑物的风影区，往往会感受到由涡旋造成的流体阻力所带来的不适感。

下冲涡流效应，即当风吹向建筑立面时，部分风受阻向下，冲向地面形成环流涡旋的效应。这种效应出现在街谷内时，不利于街谷内污染物的消散。而当出现在高层建筑迎风面时，会造成高层建筑周围的人行区域的不舒适，其引起的高层下行风还会将建筑表面的幕墙玻璃或者装饰物、窗台摆件等卷到地面造成安全隐患（图 3-5）。

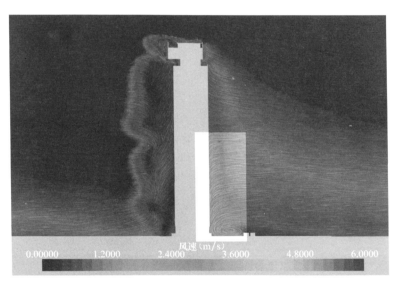

图 3-5　某工程切面风速矢量图：下冲涡流效应（局部）

建筑风环境是一个情况复杂的风场，几种效应往往同时出现，或随风向改变在同一建筑范围内相继出现。不同的著作对此都有相应描述：

"气流通过纵向的街道峡谷，运行的截面面积骤然缩小，在气流量不变的情况下，通过单位截面面积的风力、风速增加。如果街道两边建筑的密度较高，街道上部风在遇到高层建筑后受阻向下部移动，与纵向峡谷风相遇，在街道空间地步产生强大湍流，使行人难以站立或行走。"①

"当来流与街谷轴向接近垂直时，来流在街谷顶部形成一层很薄的强剪切力层。在该剪切层的驱动下，街谷内空气流动形成孤立的环流漩涡……当来流与街谷轴向夹角较小，与街谷轴向几乎平行时，街谷内空气流动呈现明显的沿街谷的槽道流，并形成所谓的峡谷效应。"②

"如果在上风方向有几排较低矮的、形式相似的建筑物，而在下风方向又有一高耸的建筑物矗立其后，在盛行风向和街道走向垂直的情况下，两排房屋之间的街道上会出现涡旋和升降气流。街道上的风速受建筑物的阻碍会减小，成为'风影区'，但湍流却较开阔地区加强。若盛行风向与街道走向一致，则会形成狭管效应，街道上风速会远比开阔农村为强。"③

有经验的工程师在对建筑风环境进行计算机模拟，或者风洞、水槽等实验模拟前，就可以根据项目所在地的盛行风向，以及目标和周边建筑物的布局，大致判断目标建筑周围风环境的情况，对各种典型效应及其后果有一定预估。而各种计算机或实验模拟的结果则能提供更多建筑风环境的细节，能呈现较为详尽且直观的风速、风压分布云图、矢量图等，帮助工程师处理更为复杂的构筑物局部细节或城市小气候范围的建筑风环境。

对于各种可能，或已经造成居民不适的建筑风环境，可以采用挡墙、防护构件、种植乔灌木等挡风、导风措施加以改善。同时，更应该在规划、城市设计、建筑方案阶段就引起足够重视，采用计算机或实验模拟发现隐藏的问题，并通过改变建筑群落布局、外形等措施来优化方案，以预防和应对可能出现的气流阻滞、烟雾污染、热岛效应等城市环境物理问题。

① 陈飞. 建筑风环境：夏热冬冷气候区风环境研究与建筑节能设计 [M]. 北京：中国建筑工业出版社，2009。

② 顾兆林，张云伟. 城市与建筑风环境的大涡模拟方法及其应用 [M]. 北京：科学出版社，2014。

③ 刘加平. 城市环境物理 [M]. 北京：中国建筑工业出版社，2010。

3.2.3 CFD 的计算模型概述

风作用在建筑物上会产生多种现象，由于空气流动无法用解析方法来确定，只能借助实验手段来预测。比如在建筑结构方面，多数的规范、标准中，用于计算风荷载的风力系数原则上都是通过风洞实验来获得的。

对风环境进行评价时，不仅仅是单个建筑，还涉及周边建筑及拟建建筑的布置及大小，所以在规划初期进行风洞试验是十分必要的。[①]

虽然风洞的应用日趋广泛，但随着计算机技术的日新月异，出于测试时间、测试次数等风险和成本方面的考虑，更为便捷、稳定、不受场地约束的数值模拟方法（CFD）开始配合和部分替代风洞实验。

CFD 是通过计算机数值计算和图像显示，对包含有流体流动和热传导等相关物理现象的系统所作的分析。本章的 3.1 节对 CFD 的基本思路作了简介，即把原来在时间域及空间域上连续的物理量的场，如速度场压力场，用一系列有限个离散点上的变量值和集合来代替，通过一定的原则和方式建立起关于这些离散点上场变量之间关系的代数方程组，然后求解代数方程组获得长变量的近似值（图3-6）。

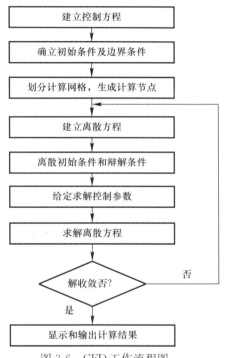

图 3-6　CFD 工作流程图
来源：王福军. 计算流体动力学分析：CFD 软件原理与应用 [M]. 北京：清华大学出版社，2004

---

① （日）风洞实验指南研究委员会. 建筑风洞实验指南 [M]. 孙瑛等译. 北京：中国建筑工业出版社，2011。

工程应用中风环境模拟基本流程如图 3-7 所示。

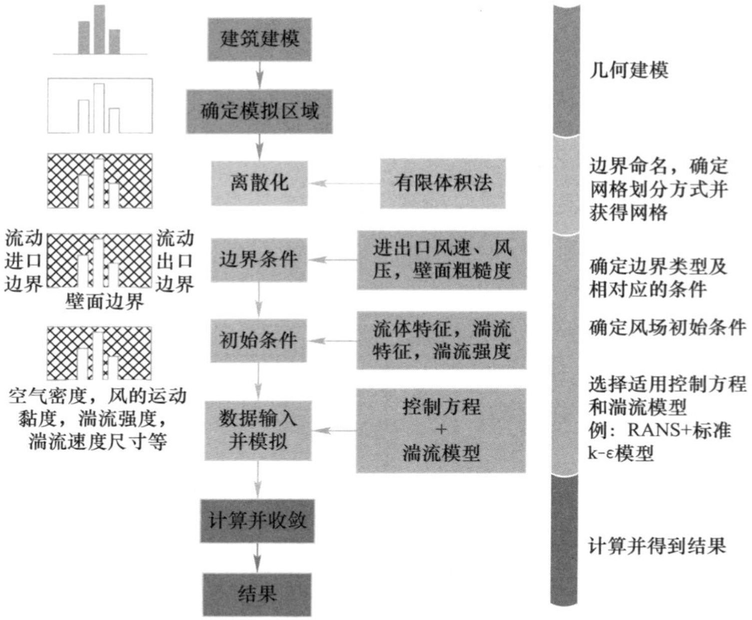

图 3-7　风环境模拟流程图

1. 控制方程与湍流模型

控制方程（governing equations）是物理守恒定律的数学描述，物理守恒定律支配任何流体流动系统。基本的守恒定律包括：质量守恒定律、动量守恒定律、能量守恒定律。相对应的控制方程为质量守恒方程，动量守恒方程和能量守恒方程。

控制方程的通用形式可以表示为：[①]

$$\frac{\partial (\rho\phi)}{\partial t} + \text{div}(\rho\boldsymbol{u}\phi) = \text{div}(\Gamma\text{grad}\phi) + S$$

其中，ϕ 为通用变量，可以代表矢量速度 $\boldsymbol{u}$ 在 x、y、z 轴上的分量以及温度等求解变量；Γ 为扩散系数；S 为广义源项。式中各项依

————————

① 王福军. 计算流体动力学分析：CFD 软件原理与应用［M］. 北京：清华大学出版社，2004。

次为瞬态项（transient term）、对流项（convective term）、扩散项（diffusive term）和源项（source term）。

上式为控制方程的守恒性形式，如移除其中的对流项则为控制方程的非守恒形式。守恒型控制方程在有限体积法中能够方便地建立离散方程，应用较为广泛。

此外，还需关注流体的流动状态。如果流动系统处于湍流状态，则还需遵守附加的湍流输运方程。

湍流是自然界常见的流动现象，自然界的风均以湍流的形式流动，工程师在建筑风环境的模拟中，也都以湍流为空气的流动状态。

从物理结构上来看，湍流可以被看成有不同尺度的涡（eddy）叠加而成的流动。这些涡的大小及旋转轴的方向分布是随机的。大尺度的涡破裂后形成小尺度的涡，小尺度的涡破裂后形成更小尺度的涡。大尺度涡不断从主流得到能量，然后通过各种尺度涡之间相互作用，能量逐渐向小尺度涡传递，最后由于流体黏性的耗散作用，小尺度涡逐渐消失，机械能转化为热能。同时，由于边界的作用、扰动及速度梯度的作用，新的涡旋又不断产生，这就构成了湍流运动。

前面提到的控制方程中，动量守恒方程可以推导出三维瞬态的Navier-Stokes 方程。三维瞬态的 Navier-Stokes 方程无论对层流还是湍流都适用。对于湍流而言，直接求解三维瞬态的控制方程，即直接数值模拟（Direct Numerical Simulation，简称 DNS），虽然理论上可得到十分精确的计算结果，但对计算机的性能要求太高，无法在实际工程中应用。

从工程应用的角度看，重要的是整体上湍流所引起的平均流场的变化。精确计算全部细节极度困难，且对于解决实际问题没有太大意义。因此，时均化的控制方程，Reynolds 时均方程（Reynolds-Averaged Navier-Stokes，简称 RANS）应运而生。

由于时均化，RANS 中出现了新的未知量，为使方程组封闭，必须建立应力的表达式或者湍流模型，把湍流的脉动值和时均值联系起来。由于没有特定的物理定律可以用来建立湍流模型，所以目前的湍流模型只能以大量的实验观测结果为基础。目前的湍流模型有两大类：Reynolds 应力模型和涡黏模型。Reynolds 应力模型包括 Reynolds 应力方程模型和代数应力方程模型，涡黏模型包括零方程模型、一方程模型和两方程模型。目前两方程模型在工程中使用最为广泛，最基本的两方程模型是标准 $\kappa\epsilon$ 模型，即分别引入关于湍动能 κ 和耗散率 ϵ 的方程。此外还有各种改进的 $\kappa\epsilon$ 模型，比较著名的是 RNG$\kappa\epsilon$ 模型和 Realizable$\kappa\epsilon$ 模型。[1]

RANS 不仅避免了 DNS 计算量过大的问题，而且在工程实际应用中取得了很好的效果，是目前使用最为广泛的湍流数值模拟方法。各种速度下的稳态、充分发展的湍流都可以通过 RANS 模型得到较为合理的预测结果。但 RANS 对有显著分离区域的湍流预测效果较差，未来随着计算机技术的发展，混合 RANS-LES（Hybrid RANS-LES）将会成为趋势。[2]

大涡模拟（Large Eddy Simulation，简称 LES）是介于 DNS 与 RANS 之间的一种湍流数值模拟方法。其基本思想就是对湍流运动的大尺度涡用瞬时的 Navier-Stokes 方程直接模拟，对小尺度涡不直接模拟，而是将小涡对大涡的影响通过近似的模型来考虑。LES 方法对计算机性能的要求仍然较高，但低于 DNS，目前已经成为 CFD 领域的热点之一。[3]

各三维湍流数值模拟方法及对应的湍流模型如图 3-8 所示。

2. 离散化和网格划分

在进行 CFD 计算前，需要将计算区域离散化。这里的"离散化"，即对空间上连续的计算区域进行划分，得到许多个子区域，

① 王福军. 计算流体动力学分析：CFD 软件原理与应用［M］. 北京：清华大学出版社，2004。

② Slotnick J，Knodadoust A，Alonso J，Darmofal D，Gropp W，Lurie E，Mavriplis D. CFD Vision 2030 Study：A Path to Revolutionary Computational Aerosciences ［R/OL］. ［2015-03-21］NASA Langley Research Center. http：//ntrs. nasa. gov/search. jsp？R＝20140003093。

③ 顾兆林，张云伟. 城市与建筑风环境的大涡模拟方法及其应用［M］. 北京：科学出版社，2014。

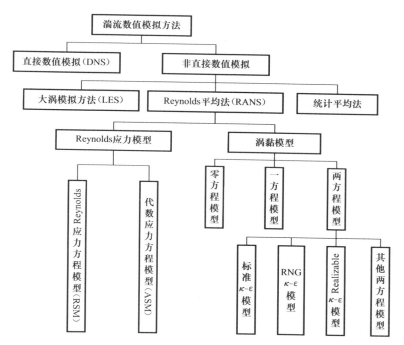

图 3-8　三维湍流数值模拟方法及相应的湍流模型示意图

来源：王福军. 计算流体动力学分析：CFD 软件原理与应用［M］. 北京：

清华大学出版社，2004

并确定子区域的节点，从而生成网格；然后，将控制方程在网格上离散，即将偏微分格式的控制方程转化为各个节点上离散方程组。完成离散化后，便可在计算机上求解离散方程组，得到节点上的解。

由于应变量在节点之间的分布假设及推导离散方程的方法不同，就形成了有限差分法（Finite Difference Method，简称 FDM）、有限元法（Finite Element Method，简称 FEM）和有限体积法（Finite Volume Method，简称 FVM）等不同类型的离散方法。FVM 是目前 CFD 领域广泛使用的离散化方法。[①]

① （日）村上周三. CFD 与建筑环境设计［M］. 朱清宇等译. 北京：中国建筑工业出版社，2007。

"有限体积法……其基本思路是：将计算区域划分为网格，并使每个网格点周围有一个互不重复的控制体积；将控制方程对每一个控制体积积分，从而得出一组离散方程……离散方程的物理意义，就是因变量 ϕ 在有限大小的控制体积中的守恒原理，如同微分方程表示因变量在无限小的控制体积中的守恒原理一样。"[1]

有限体积法的这种特点，使得它能够在计算区域内做到良好的积分守恒。[2]

网格（grid）是离散的基础，是 CFD 模型的几何表达，也是数值分析的载体。网格的质量对计算机模拟的精度和效率都有着巨大的影响。

网格数量：网格数量的增加会提高计算精度。但在网格数量提高到一定程度后，计算精度的提高不再显著，而计算的时间成本却大幅增加。

网格密度：网格密度随着计算数据的分布特点而有所不同。在计算数据变化率较大的部位，较密集的网格能较好地反映数据变化的规律；在计算数据变化率较小的部位，网格可以相对稀疏以减小计算成本。例如，在模拟室外大空间的整体气流情况时，网格密度往往远小于模拟室内自然通风时的设置。

网格单元：单元（cell）是构成网格的基本元素。在结构网格中，常用的 2D 网格单元为四边形单元，常用的 3D 网格单元为六面体单元；在非结构网格中，常用的 2D 网格单元还有三角形单元，常用的 3D 网格单元还有四面体单元和五面体单元等。[3] 不同网格单元组成了不同的网格类型，见表 3-1 所列。

目前大部分商业 CFD 软件有自带网格生成程序，也有许多专用的网格生成软件，从软件使用的角度来说，网格生成相对简便。

---

① 王福军. 计算流体动力学分析：CFD 软件原理与应用 [M]. 北京：清华大学出版社，2004。

② （日）村上周三. CFD 与建筑环境设计 [M]. 朱清宇等译. 北京：中国建筑工业出版社，2007。

③ 同①。

CFD 网络类型		表 3-1
类型	说明增加示意图	
结构网格	节点排列有序，邻点间的关系明确，生成过程简单	
块结构网格	分块构造的结构网格	
非结构网格	节点位置无固定法则，生成过程复杂，但适应性极好	

但需要注意的是，当模拟范围较大或者建筑环境较为复杂时，网格的设置和生成都极为耗时且容易出错，甚至可能导致计算无法进行。[①]

生成网格尽管有这样那样的复杂问题，但对于大部分建筑工程师而言，其软件操作步骤都只有简单的 3 步：

（1）建立几何模型；

（2）对模型就网格的类型、单元、密度等方面进行划分，获得网格（图 3-9、图 3-10）；

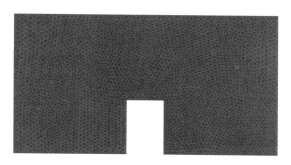

图 3-9　网格示意图 1

（3）指定边界并命名，为后续给定边界条件做好准备。

3. CFD 软件

CFD 软件一般由 3 个基本环节构成：前处理、求解和后处理，与之对应的程序模块为前处理器，求解器和后处理器（表 3-2）。

为了完成 CFD 计算，过去多是用户自己编写计算程序，但由于 CFD 的复杂性及计算机软硬件条件的多样性，使得用户各自的

---

① 张师帅. 计算流体动力学及其应用：CFD 软件的原理与应用 [M]. 武汉：华中科技大学出版社，2011。

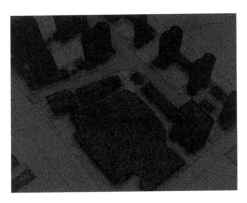

图 3-10　网格示意图 2

CFD 软件的程序模块

表 3-2

模块	前处理器	求解器	后处理
功能	输入所求问题的 相关数据	数值求解方案包括 FDM、FEM、FVM 等	利用计算机图形功能有效 观察和分析流动计算结果
作用	定义几何计算域 划分子区域 形成网格 选择控制方程 定义流体参数 指定边界条件 指定初始条件	近似待求的流动变量 形成离散方程组 求解代数方程组	几何模型及网格显示 矢量图 等值线 填充型等值线图（云图） 其他图像处理功能

应用程序往往缺乏通用性，而 CFD 本身又有其鲜明的系统性和规律性，因此，比较适合于被制成通用的商用 CFD 软件。这些商用 CFD 软件一般拥有良好的功能和适应性，具有比较易用的前后处理系统，比较完备的容错机制和操作界面，较高的稳定性。[①]

目前应用较为广泛的 CFD 软件有 FLUENT、STAR-CCM＋、CFX、PHOENICS、FloEFD 和 CFD-ACE＋等。

其中 PHOENICS 是世界上第一套计算流体动力学和传热学的商用软件，由英国学者提出，第一个正式版本于 1981 年开发完成。

---

① 王福军. 计算流体动力学分析：CFD 软件原理与应用［M］. 北京：清华大学出版社，2004。

CFX 是第一个通过 ISO9001 质量认证的商业 CFD 软件，由英国 AEA Techology 公司开发，2003 年被 ANSYS 公司收购。

FIDAP 由英国 FDI 公司开发并于 1996 年被 FLUENT 公司收购。

FLUENT 是美国 FLUENT 公司与 1983 年推出的 CFD 软件，FLUENT 公司于 2007 年被 ANSYS 公司收购后，弥补了 ANSYS 公司在流体相关技术上的短板。FLUENT 是目前功能最全面、适用性适宜性最强和使用最广泛的 CFD 软件之一。

STAR-CD 是由英国帝国学院提出的通用流体分析软件包，由 1987 年在英国成立的 CD-adapco 集团公司开发。该软件基于有限体积法，适用于不可压流和可压流的计算、热力学的计算及非牛顿流的计算。STAR-CD 的前处理器具有较强的建模功能，且与当前流行的 CAD/CAE 软件有良好的接口，可有效地进行数据交换。STAR-CD 具有多种网格划分技术和网格局部加密技术，且对网格质量的优劣有自我判断功能。能够简化网格生成，可以求解任意复杂的几何形体，极大增强了实用性和时效性。该软件还提供了多种高级湍流模型，具有多个求解器，可根据网格质量的优劣和流动物理特性来选择。

本书第 4 章工程案例部分的分析，都基于 STAR-CD 软件新一代求解器 STAR-CCM＋的模拟结果。

4. 边界条件和初始条件

流体力学的控制方程包含非线性对流项和非线性非局部压力梯度项。对这些非线性方程的数值计算，必须给出边界条件和初始条件。

在建筑风环境的模拟中，边界条件基本上不涉及对称边界和周期性边界，主要边界条件见表 3-3 所列。

流体边界条件列表　　　　　　　　　　　　　　　　表 3-3

边界条件		数据设置及相关说明
流动进口边界	速度进口边界	给定进口边界上各节点的速度值
	压力进口边界	给定进口边界上各节点的压力值
	质量进口边界	给定进口边界上各节点的流体质量主要用于可压流动

边界条件		数据设置及相关说明
流动出口边界	速度出口边界	与流动进口边界条件联合使用
	压力出口边界	
	其他	
恒压边界		在流动分布未知但边界的压力值已知的情况下使用。较多用于浮力驱动流和多个出口的内部流动，比如室内自然通风问题
壁面边界（不考虑移动壁面）	构筑物的几何壁面	对于黏性流动问题，一般设置壁面为无滑移条件
	地面	

不合理的边界条件组合无法得到计算域的稳定解。比如，只给定进口和壁面边界，而没有给定出口边界，CFD 的计算将无法收敛。[①]

对不同情况下的室内外风环境模拟，可能的边界条件组合方式如下：

(1) 只有壁面；

(2) 壁面、进口和至少一个出口；

(3) 壁面、进口和至少一个恒压边界；

(4) 壁面和恒压边界。

此外，还需要注意的是，流动出口边界不能太靠近固体障碍物，否则流动不能达到充分发展的状态，会导致结果出现较大的误差甚至难以收敛。在各地的绿色建筑设计标准的模拟软件边界条件中，都有对计算区域范围的定义。各地标准有所不同，一般情况下会要求流动出口边界距离目标建筑超过 $5H$（H 为模拟建筑的主体高度或者特征长度（characteristic length））。

由于流体和壁面之间存在摩擦、对流传热等物理现象，同时人行高度处（一般为离地 1.5m 高度）的风的流动情况也是模拟观察的重点，所以为了获得较高精度的模拟结果，近壁面计算网格通常

① 王福军. 计算流体动力学分析：CFD 软件原理与应用 [M]. 北京：清华大学出版社，2004。

需要作加密处理。各地标准有所不同，一般会要求人行高度划分 10 个网格或以上，重点观测区域要在地面以上第三个网格和更高的网格内。

除了给定边界条件外，还需给出流动区域内各个计算点的所有流动变量的初值，即初始条件。在建筑风环境的模拟中，初始条件见表 3-4 所列。

流体初始条件列表　　　　表 3-4

初始条件		
流体特征		密度 ρ，运动黏度 ν
湍流强度		湍流脉动速度与平均速度的比值
湍流特征	湍流长度尺寸	湍流长度尺寸，湍流速度尺寸
	湍流黏性率	湍流黏性率，湍流速度尺寸
	$\kappa-\text{epsilon}$	湍流耗散率 ε，湍流动能 κ

3.2.4　边界条件和初始条件

在建筑风环境的 CFD 模拟中，常见边界条件和初始条件所涉及的物理量，包括风速、风压、粗糙度、黏性底层厚度、湍流长度尺寸和流体黏度等。

边界条件和初始条件的物理量设定会直接影响数值模拟的结果，这也是一直以来数值模拟被认为不够可靠或者人为干扰因素过多的原因之一。因此，在实际工程中，工程师不仅要做到物理量设定有权威的数据来源，还要理解数据背后的公式和基础原理，针对实际工程情况合理调整，做到有依据但不死板。

1. 风速

大气边界层近地层的风，由于受地球表面的摩擦，接近地表的风速随着离地高度的减小而降低。离地 $300\sim500\text{m}$ 以上的风速才不受地表的影响，在气压梯度作用下沿着等压线作接近层流的气流运动。

在各种气象数据的统计中，平均风速是最基本的统计量，在一定高度下，其数值分布形状沿高度的变化在经验上可采用数学方法进行近似表达，通常描述为对数率分布或指数率分布。

1) 对数率分布

平均风速的竖直分布用单对数轴来描述时，大气边界层的特征之一是有直线近似区域，该部分的平均风速可按照对数率近似来表示：[1]

$$u_z = \frac{u_f}{k} \ln\left(\frac{z}{z_0}\right) \tag{3-1}$$

式中　u_z——离地高度 z 处的平均风速，m/s；

　　　u_f——摩擦速度，m/s；

　　　k——Karman 常数，一般取 0.4；

　　　z_0——粗糙度长度，随地面粗糙程度而变化。由开阔到城市密集区取 0.002～2。

1916 年 G. Hellman 提出了平均风速廓线的指数规律，《中国农业百科全书·农业气象卷》给出了其公式简化式的对数形式：[2]

$$u_z = u_{10}[0.233 + 0.656 \lg(z + 4.75)] \tag{3-2}$$

式中　u_z——离地高度 z 处的平均风速，m/s；

　　　u_{10}——仪器安装在标准高度 10m 处的风速，m/s。

2) 指数率分布

加拿大 A. G. Davenport 根据 G. Hellman 提出的指数规律，观测资料整理得出不同粗糙度的下垫面近地的风速分布规律：[3]

$$u_z = u_g\left(\frac{z}{z_g}\right)^a \tag{3-3}$$

式中　u_z——离地高度 z 处的平均风速，m/s；

　　　u_g——当地地转风风速，m/s；

　　　z_g——当地边界层厚度，m；

　　　a——下垫面粗糙度系数。

在一般工程设计计算中，a 和 z_g 可按表 3-5 取值。

但由于大多数地区的地转风风速 u_g 是未知的，所以有人提出：

① （日）日本建筑学会. 建筑风荷载流体计算指南 [M]. 孙瑛等译. 北京：中国建筑工业出版社，2010；张师帅. 计算流体动力学及其应用：CFD 软件的原理与应用 [M]. 武汉：华中科技大学出版社，2011。

② 程纯枢. 中国农业百科全书：农业气象卷 [M]. 北京：农业出版社，1986。

③ 刘加平. 城市环境物理 [M]. 北京：中国建筑工业出版社，2010。

下垫面粗糙度系数与边界层厚度关系表　　　　表 3-5

下垫面性质	指数 a	边界层厚度 h_g(m)
平坦开阔的农村	0.16	270~350
近郊居民点	0.28	390~460
城市市中心	0.40	420~600

$$u_z = u_s \left(\frac{z}{z_s}\right)^{a'} \tag{3-4}$$

式中　z_s——10m；

　　　u_s——10m 高度处的平均风速。

由于我国气象站所记录的风速多是当地 10m 高处的风速，所以计算时可以很容易由气象站查得所需数据。此法是目前多数国家和地区采用的方法，也是我国采用的风速剖面的表达式，如《建筑结构荷载规范》GB 50009—2012 第 8 条风载荷。

也有规范[①]认为，当高度在 200m 以下时，计算结果与实际风速的垂直变化比较符合；当高度超过 200m 时，误差较大，应以下式代替：

$$u_z = \begin{cases} u_{10}\left(\dfrac{z}{10}\right)^{a'} & \text{当 } z \leqslant 200\mathrm{m} \\ u_{10} \cdot 20^{a'} & \text{当 } z > 200\mathrm{m} \end{cases} \tag{3-5}$$

当分析对象为高度在 200m 以下的建筑时，式（3-4）和式（3-5）是完全一致的。但当分析对象为高度超过 200m 超高层建筑时，则需进一步论证适用方法。

与此同时，指数 a' 可以按下式确定：

$$a' = \frac{\lg u_z - \lg u_s}{\lg z - \lg 10} \tag{3-6}$$

指数 a' 被定义为风廓线幂指数或者地面粗糙度等。

3）考虑气象数据来源所在地地面粗糙度的指数率分布

气象站为了避免城市环境和山谷地貌的干扰，多选择在空旷平坦郊区。考虑到这一点，美国的 ASHRAE 基础手册[②]认为应把气

---

① 中国环境科学研究院，中国气象科学研究院，中国预防医学科学研究院，南京大学，中国辐射防护研究院. GB/T 3840—1991 制定地方大气污染物排放标准的技术方法［S］. 北京：中国标准出版社，1991。

② ASHRAE，ASHRAE Handbook［M］. Fundamentals SI Edition. Atlanta：ASHRAE，2005。

象数据来源所在地的地面粗糙度考虑到风廓线公式中来：

$$u_z = u_s \left(\frac{h_s}{z_s} \right)^{a'_s} \left(\frac{z}{h_z} \right)^{a'} \tag{3-7}$$

式中　h_s——气象数据来源地的大气边界层厚度；

　　　h_z——分析对象所在地的大气边界层厚度。

在工程计算中，关于指数 a' 和大气边界层厚度 h 的取值，接下来将会在后面的章节中详细讨论。

2. 风压

对于不可压缩流体，流体的质量内能为常数。在略去质量内能后，伯努利方程可以被表述为：[①]

$$\frac{v^2}{2} + \frac{p}{\rho} + gz = \text{const.} \tag{3-8}$$

这个方程表现了不可压缩流体的机械能守恒，适用于黏度可以忽略、不可被压缩的理想流体。其应用领域涵盖低速空气动力学、水动力学、生物流体力学等。

在建筑风环境中，当室外风受到建筑物遮挡影响，风速陡然降低，风的动能转化为压力势能，建筑迎风面的风压增大。从而使得建筑的迎风面和背风面产生压差。由于风会自发从高压区域流向低压区域，存在前后压差的建筑在开窗的前提下能够自然形成穿堂风效果（图 3-11）。同时，穿堂风的效果会受到进出口间的阻隔或空气通路的曲折等影响而降低。所以要保证建筑室内能形成较为良好的自然通风的效果，建筑两侧的压强差需保持在一定值以上。各地规范对此有较为详细的要求。

同理，污染源（垃圾场、医院、排放废气的工厂等）建筑不应建在高大建筑的风影区，或者污染源建筑的上风向不应建设高大建筑。否则污染源建筑周围的气压将受污染的空气压向高大建筑的风影区，造成受污染空气不能及时被大气稀释净化，影响居民的生活环境质量（图 3-12）。

---

① ［俄］朗道，［俄］栗弗席兹. 理论物理学教程. 第 6 卷，流体动力学［M］. 第 5 版. 李植译. 北京：高等教育出版社，2013。

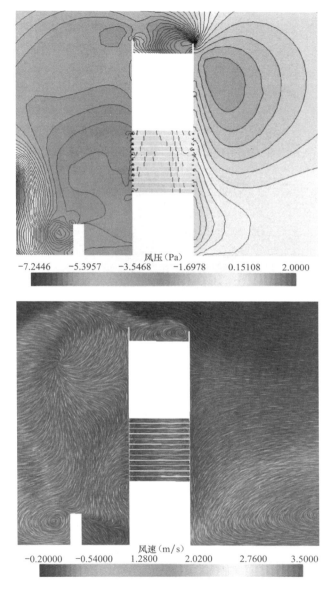

图 3-11　某项目切面风压云图和风速矢量图：
由建筑前后压差引起的穿堂风

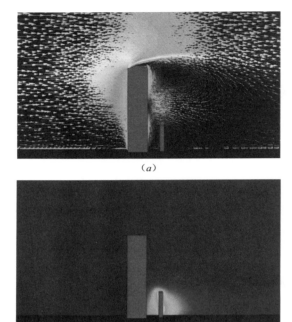

（a）

（b）

图 3-12　废气倒吸示意图

（a）风速矢量图；（b）污染物浓度分布云图

3. 粗糙度

物体的几何表面与实际表面的区别在于表面粗糙度。在机械加工领域，零件表面粗糙度关系到零件加工精度，有非常详细的参数。但以一般人能直观感受到的角度去看，粗糙度主要有 2 个定义，一个是粗糙度常数（roughness constant）C_s，一个是粗糙度厚度（roughness height）K_s。

粗糙度常数 C_s：对于均匀砂粒表面，一般为 0.5；对非均匀砂粒表面，如带有筋板或网眼的表面，C_s 一般为 0.5～1。

粗糙度厚度 K_s：对于光滑的表面，可以认为 K_s 是 0；对于均匀砂粒状表面，可简单认为 K_s 为砂粒高度；对不均匀表面，可用砂粒平均直径。

而在空气动力学概念的粗糙度即粗糙度厚度（roughness

height），是地表的一种空气动力学参数。数值上被定义为贴近地面平均风速为零处的高度。可表示地表（包括陆面、植被和水面）的粗糙程度，是具有长度的量纲。近地层对数分布风速廓线满足此边界条件。然而在物理上，这一高度并不真正存在。粗糙度厚度一般与气流无关，而只决定于地表粗糙单元的几何形状、大小和排列等。但对于水面和具有弹性的植被，粗糙度还与风速有关。[①]

而环境学概念里的地面粗糙度（terrain roughness），是指风在到达结构物以前吹越 2km 范围内的地面时，描述该地面上不规则障碍物分布状况的等级。[②] 这是个在物理上并不实际存在的无量纲量。

1）地面粗糙度（terrain roughness）

风速剖面主要与地面形状和风气候有关。在模拟城市街区建筑物周围流场时，对周围地面不平滑的情况可在计算区域内直接再现其粗糙元形状。但是，在计算域内再现实际的地面形状多数还无法实现，因此应采用能处理地面建筑影响的边界条件。[③]

对于风速剖面表达式（式 3-4 和式 3-5）中的指数 a'，需要基于气流特征引入粗糙度的概念来表达，即地面粗糙度（terrain roughness）。

这个指数与 Davenport 风速分布规律公式（式 3-3）中的指数 a 定义类似，用以体现底面形状对风速的影响程度。对于式 3-4～式 3-7，地面粗糙度的取值在不同的规范中有不同的取值方式，以下是 4 种规范和参考文件中指数 a' 的取值。

（1）《制定地方大气污染物排放标准的技术方法》GB/T 3840—1991

规范中各种稳定度条件下的风廓线幂指数值见表 3-6。

---

① 程纯枢. 中国农业百科全书：农业气象卷 [M]. 北京：农业出版社，1986。

② 中国建筑科学研究院. GB 50009—2012 建筑结构荷载规范 [S]. 北京：中国建筑工业出版社，2012。

③ （日）日本建筑学会. 建筑风荷载流体计算指南 [M] 孙瑛等译. 北京：中国建筑工业出版社，2010。

风廓线幂指数值   表 3-6

稳定度类别	A	B	C	D	E、F
城市	0.10	0.15	0.20	0.25	0.30
乡村	0.07	0.07	0.10	0.15	0.25

大气稳定度等级见表 3-7 所列。

大气稳定度等级   表 3-7

地面风速 m/s	太阳辐射等级					
	+3	+2	+1	0	−1	−2
≤1.9	A	A~B	B	D	E	F
2~2.9	A~B	B	C	D	E	F
3~4.9	B	B~C	C	D	D	E
5~5.9	C	C~D	D	D	D	D
≥6	D	D	D	D	D	D

太阳辐射等级见表 3-8 所列。

太阳辐射等级   表 3-8

总云量/低云量	夜间	太阳高度角 h_0			
		$h_0 \leqslant 15°$	$15° < h_0 \leqslant 35°$	$35° < h_0 \leqslant 65°$	$h_0 > 65°$
≤4/≤4	−2	−1	+1	+2	+3
5~7/≤4	−1	0	+1	+2	+3
≥8/≤4	−1	0	0	+1	+1
≥5/5~7	0	0	0	0	+1
≥8/≥8	0	0	0	0	0

表 3-6~表 3-8 中数据在规范中用以代入式 3-5，从而计算某高度处的风速，即烟囱出口处风速。

（2）《建筑结构荷载规范》GB 50009—2012 条文说明

表 3-9 中数据在规范中用以代入式 3-4，计算某高度处的风速，进而计算风压。这是目前建筑风环境模拟中最常用的地面粗糙度数据来源。

关于其中的截断高度还需进一步解释，是否等同或类似于粗糙度厚度 z_0，以及梯度风高度是否能作为大气边界层高度 h 的参考数值，仍需进一步讨论。

地面类型	海上	乡村	城市	大城市中心
地面粗糙度指数	0.12	0.15	0.22	0.30
截断高度	5m	10m	15m	30m
梯度风高度	300m	350m	450m	550m

地面粗糙度指数　　　　　　　　表 3-9

（3）《城市居住区热环境设计标准》JGJ 286—2013

我国地表粗糙度类别和对应的地面粗糙系数值见表 3-10。

地面粗糙度指数　　　　　　　　表 3-10

地面粗糙度类别	描述	取值
A	近海海面、海岛、海岸、湖岸及沙漠地区（2A，3A，4A，5A）	0.12
B	田野、乡村、丛林、丘陵及房屋比较稀疏的乡镇和城市郊区	0.16
C	拥有密集建筑群的城市市区	0.22
D	有密集建筑群且房屋较高的大城市市区（省会、直辖市）	0.30

表 3-10 数据显然来自《建筑结构荷载规范》GB 50009—2001。此规范并未出现风速剖面的表达式，这里的地面粗糙系数仅用以计算"某时刻居住区室外 1.5m 高处在主导风向下的设计平均风速"这一概念。

（4）浙江省工程建设标准《居住建筑风环境和热环境设计标准》（DB 33/1111—2015）

地面粗糙度系数 α 取值表　　　　　　表 3-11

类别	描述	取值
A	近海海面、海岛、海岸、湖岸及沙漠地区	0.12
B	田野、乡村、丛林、丘陵及房屋比较稀疏的乡镇和城市郊区	0.16
C	有密集建筑群的城市市区	0.22
D	有密集建筑群且房屋较高的大城市市区	0.30

表 3-11 的数据与文字表述完全继承了《城市居住区热环境设计标准》JGJ 286—2013 中表的相关的内容。同时明确表示该项数据应用于室外风环境的数值模拟的边界条件，并指出：当模型未考

虑地面粗糙度情况时，数值计算应采用指数关系式修正粗糙度带来的影响，地面粗糙度所决定的幂指数为 a，取值按表 3-11 选取。

（5）2005 ASHRAE Handbook-Fundamentals（SI）[①]

大气边界层参数			表 3-12
地面类型	描述	指数 a'	边界层厚度 h，m
1	大城市市中心，至少有 50% 的建筑物高于 21.3m，覆盖项目建筑方圆至少 0.8km 或逆风结构的 10 倍高度距离（以较高者为准）范围。	0.33	460
2	城市和郊区，树木繁茂的地区，或众多密集障碍物具尺寸类似独户住宅或更大的其他地形，覆盖项目建筑方圆至少 460m 或逆风结构 10 倍高度距离（以较高者为准）范围。	0.22	370
3	具有高度一般不超过 9.1m 散障碍物的开阔地形，包括平坦开阔的典型的气象站环境。	0.14	270
4	暴露在经过水面的风中超过 1.6km 距离的平坦、无障碍的地区，覆盖项目建筑方圆至少 460m 或陆上结构的 10 倍高度距离（以较高者为准）范围。	0.10	210

表 3-12 数据在手册中用以代入式 3-7。对于国内工程项目，仅供参考，在实际运用中一般仍采用国内标准的数据。

2）粗糙度厚度（roughness height）

实际建筑壁面不是绝对光滑的理想几何壁面，因此在 CFD 的模拟中，壁面边界条件的设定里粗糙度厚度 K_s 是需要考虑的。

同时，空气动力学意义上的粗糙度厚度也会在风环境模拟中有所体现。《中国农业百科全书：农业气象卷》[②] 中对词条"粗糙高

---

① ASHRAE. ASHRAE Handbook [M]. Fundamentals Sl Edition. Atlanta：ASHRAE，2005。

② 程纯枢. 中国农业百科全书：农业气象卷 [M]. 北京：农业出版社. 1986。

度"（roughness height）的定义为："由于地面起伏不平或地物影响，在风速廓线上，平均风速为零的位置，不在高度为零的地面上，而在离地面某一高度 z_0 的地方。z_0 以下不存在平均风速，只有乱流脉动。广义地说，z_0 又可称为粗糙长度。"

因此，粗糙度厚度在建筑风环境的模拟中有 2 种体现。一种在固体壁面边界条件中，固体壁面的粗糙度厚度 K_s；一种是模拟的风环境气流特性结果，贴近地面平均风速为零处的高度 z_0。

不同粗糙度厚度的数值和对应的意义如下所示：

《GPS 表面结构 轮廓法 表面粗糙度参数及其数值》（GB 1031—2009）中的表面粗糙度参数见表 3-13 所列。

表面粗糙度参数及其数值　　　表 3-13

轮廓的算术平均偏差 R_a 的数值（μm）			
R_a	0.012 0.025 0.05 0.1	0.2 0.4 0.8 1.6	3.2 6.3 12.5 25	50 100
轮廓的最大高度 R_z 的数值（μm）			
R_z	0.025 0.05 0.1 0.2	0.4 0.8 1.6 3.2	6.3 12.5 25 50	1600

《中国农业百科全书：农业气象卷》[1] 中有：在中性条件下，2m 高度上风速为 5m/s 时，几种自然表面上 z_0 的代表值见表 3-14 所列：

表面粗糙度参数及其数值　　　表 3-14

地面种类	z_0（cm）
很平坦的泥面，冰面	0.001
1cm 高的草地	0.1
10cm 高稀疏草地	0.7
10cm 高茂密草地	2.3
50cm 高稀疏草地	5
50cm 高茂密草地	9

---

[1]　程纯枢. 中国农业百科全书：农业气象卷 [M]. 北京：农业出版社，1986。

在机械加工方面，粗糙度的量级为微米（$1\mu m = 1 \times 10^{-6}$ m）；在农业上，由于作物的茎秆随风弯曲而使得高度降低，会出现 z_0 随风速的增加而减少的情况。这些都与粗糙度厚度在建筑风环境中的情况大相径庭。因此，这些数据仅作参考，实际的地面粗糙度长度 z_0 一般由经验确定。

4. 边界层和黏性底层

流体中，很大的雷诺数可以等价于很小的黏度，所以在雷诺数很大的情况下可以把流体看作理想流体。然而，这样的近似并不适用于固体壁面附近的流动。对于真实的黏性流体，速度在固壁上应当为零（无滑移边界）。因此，在大雷诺数的情况下，速度仅在紧贴壁面的很薄的一层流体内才几乎降低到零。这一层流体被称为边界层（boundary layer）。[1]

边界层中，惯性力占主要地位，流体的速度从无黏外流的速度逐渐减小至壁面处为零。同时，黏性越小，该边界层越薄。在边界层中，摩擦力和惯性力有相同的量级。[2]

黏性底层（Viscous sublayer）是指湍流边界层中，紧贴壁面边界保持层流性质的极薄的层，即黏性底层中的平均速度按照线性规律变化。但是黏性底层中的流动仍然是湍流，作为一个定性概念，它与流动的其他部分之间没有任何明显边界。[3]

在黏性底层中，黏性应力起主导作用。黏性底层的厚度与流体的流态有直接关系，与雷诺系数成反比。雷诺系数大意味着湍流强大，层流底层受到压挤而变薄。

在进行数值计算时，固体表面的边界条件通常为无滑移条件。针对建筑物周围的流动，即雷诺数从数万到数十万范围内的流动，黏性底层的厚度从数毫米到数厘米。为了能对其进行求解，必须采用同尺寸的计算网格。但这在建筑风环境的工程应用中是不切实际

① （俄）朗道，（俄）栗弗席兹. 理论物理学教程第 6 卷. 流体动力学［M］. 第 5 版. 李植译. 北京：高等教育出版社，2013。

② （德）欧特尔. 普朗特流体力学基础［M］. 朱自强。钱翼稷，李宗瑞译. 北京：科学出版社，2008。

③ 同①。

的，因此"粗糙元（粗糙度）"的影响必须采用其他方法处理。这个"粗糙元（粗糙度）"体现在边界条件的物理量设定中，可以用风速分布的指数率或对数率、各种粗糙度以及摩擦速度等参数来处理。[①]

5. 湍流的长度尺寸和流体的黏度

湍流是由各种不同大小的旋转流动的湍流涡旋叠合而成的流动形式。其中最常出现的、起主导作用的湍流涡旋的大小，即为湍流长度尺寸，也叫湍流积分尺寸。在大气边界层中，湍流长度尺寸取决于离地面高度、大气稳定温度等。湍流长度尺寸较大的场合，湍流扩散能力往往较强。

纵向脉动风的湍流长度尺寸随高度变化如下：[②]

$$l = 100\left(\frac{z}{30}\right)^{0.5} \tag{3-9}$$

为简便计算也可结合当地气候特征，给予湍流长度尺寸的经验数值。

一般情况下，流体的黏度 μ，又称黏性系数，是指流体在流动时，其分子间产生内摩擦的大小，是用来表征流体性质相关的阻力因子。

流体内摩擦应力和单位距离上的两层流体间的相对速度成正比，即牛顿内摩擦定律。符合这个定律的流体为牛顿流体，如水、空气等。

黏度 μ 的全称为动力黏度（dynamic viscosity）。在牛顿流体中，黏度 μ 为定值，所以通常用动力黏度 μ 与密度 ρ 的比值，即运动黏度（kinematic viscosity），来代替动力黏度。

$$\nu = \frac{\mu}{\rho} \tag{3-10}$$

---

① （日）日本建筑学会. 建筑风荷载流体计算指南［M］. 孙瑛等译. 北京：中国建筑工业出版社，2010。

② 顾磊，潘亮，齐宏拓. 风载荷的 CFD 数值模拟：以体育场和膜结构为例［M］. 北京：人民交通出版社，2012。

式中 ν——运动黏度，m^2/s；

$\quad\quad \mu$——动力黏度，$N\cdot s/m^2$。

在工程中应用广泛的 $\kappa-\varepsilon$ 模型属于涡黏模型的一种。涡黏模型不直接处理 Reynolds 时均方程中的应力项，而是引入湍流黏度（turbulence viscosity，也有翻译为"湍动黏度"），或称涡黏性（eddy viscosity），然后把湍流应力表示成湍流黏度的函数，整个计算的关键在于确定这种湍流黏度。[①]

湍流黏度的形式和上文所提的分子黏度一样，但是它源于 Boussinesq 提出的涡黏假定，与分子黏度本质区别很大。湍流黏度是流体流动状态的反映，不属于流体的物性参数，是空间坐标的函数，其本质为涡流扩散。

湍流黏性率（turbulence viscosity ratio），或称涡黏率（eddy viscosity ratio），指的是湍流黏度和分子黏度的比值。

6. 气象参数的选取

一切模拟的边界条件都必须使用目标所在地的气象参数。受权威认可的气象参数来源于国家和地方相关的行业标准规范，以及当地气象站数据。有效气象参数的选取和差异比较，详细内容见附录 F。

7. 小结

由于一些物理量涉及多门学科，在概念的定义和取值上缺乏统一性。在建筑风环境的数值模拟当中，工程师需要厘清并输入 CFD 软件的主要物理量的概念大致为：风速 v、风压 P、壁面粗糙度 K_s、地面粗糙度 z_0、地面粗糙度指数 α、流体特征和湍流特征等，以及目标构筑物的几何模型（特征长度 H）、计算域范围（出口边界距离几何模型超过 $5H$）。若考虑植被对近地（人行高度处）风场影响，需要为乔灌木建立几何模型并引入多孔介质模型，以及多种壁面粗糙度 K_s 和地面粗糙度 z_0。某种程度上的建筑物，比如过渡工况下开窗较多的住宅等，也可视为多孔介质。若为模拟静风状态

---

① 王福军. 计算流体动力学分析：CFD 软件原理与应用［M］. 北京：清华大学出版社，2004；（俄）朗道，（俄）栗弗席兹. 理论物理学教程. 第 6 卷. 流体动力学［M］. 第 5 版. 李植译. 北京：高等教育出版社，2013。

下的局地热岛效应或者室内采暖等自然对流不可忽略的情况，还需要改变流体特征，增加计算模型，并加入温度 T、格拉晓夫数 G_r 等的物理量参与计算。

也有部分商用 CFD 软件为方便使用，附带气象数据包，使得工程师免于重复输入复杂的风廓线函数公式或气压分布等数据，但由于目前商用 CFD 软件多为欧美开发，与我国的工程实际缺乏对接，仍需要仔细验证其附带气象数据的准确性。

3.2.5 模拟方式

1. 自然对流

空气是密度可变，即可压缩的一种流体。但在风环境的模拟中，通常会忽略空气的密度变化，选择等密度模型或不可压缩流体模型进行计算。但在空气受热膨胀，因冷空气下降热空气上升而产生明显的自然对流效果的情况下，仍然需考虑空气的密度变化（图 3-13）。对于这类模拟，典型如室内暖气片的使用等，则选择理想气体模型，同时重力模型也参与计算。自然对流的模拟方式会在 3.3.5 节中作更加详细的解释。

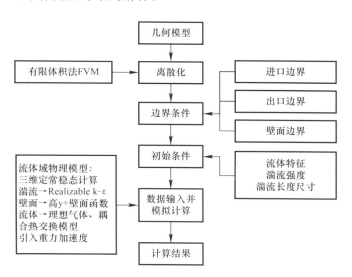

图 3-13 自然对流模拟示意图：
冬季室内采暖

如图 3-14 所示，一般暖气片会设置在沿窗下的位置，而不是在顶棚或无窗的墙边，就是为了利用空气的自然对流现象。暖气片上方受热上升的空气，加热受窗户附近的较冷空气，以达到均衡室内空气热量分布的目的。

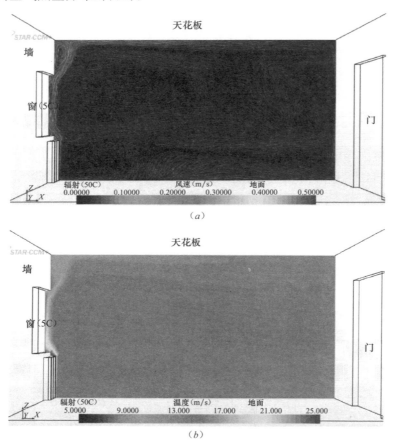

图 3-14　模拟结果

(a) 气流速度矢量图；(b) 温度分布云图

2. 高层及超高层风速

在本章 3.2.4 节中提到风速的几种给定方法。在需要模拟的建筑高度不高时，采用分段函数类经验公式是较为简便的方法。但当模拟的建筑高度较高时，风速随着高度的增加在变大，因此建筑高层表面的风压和在屋顶处环绕建筑的风速也将变大，一些超高层建筑的风环境中甚至会出现比较极端和罕见的气流现象（图 3-15、图 3-16）。因此，为使模拟不至于失真，建议采用指数率公式（式 3-4、式 3-5、式 3-7）。

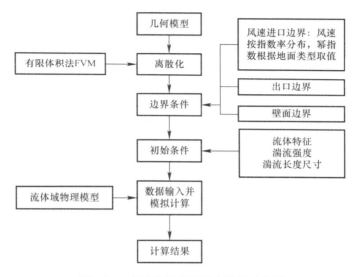

图 3-15　高层及超高层风速模拟示意图

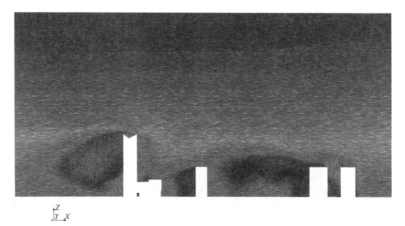

图 3-16　风剖面速度分布矢量图

3. 压差成风

风会自发从高压吹向低压。造成压强差有很多种情况，常见的有风压差和热压差 2 种。风压差可以是迎风面和背风面的（静）压差，例如穿堂风现象；也可以是低风速与高风速区域的（动）压差，例如天井拔风现象。热压差则是空气受热造成密度变小气压降低，从而产生热升冷降现象。烟囱效应（stack effect）就是动风压差和热压差同时作用产生的典型现象（图 3-17、图 3-18）。

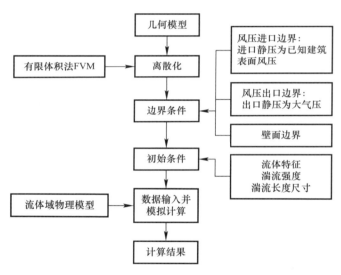

图 3-17 压差成风模拟示意图

值得注意的是，烟囱效应的拔风效果有利于建筑的自然通风，但这一现象对于高层和超高层建筑的消防而言是非常严峻的考验。对建筑火灾进行计算机数值模拟也越来越多，除了专门的火灾模拟软件，通用的商用 CFD 软件也有非常友好的建筑火灾模拟处理系统，本书暂不对此展开详细叙述。

在使用 CFD 模拟压差成风的情况时，可通过设定模拟区域的进口和出口的不同气压值来完成。这种方法多在风速数据缺失的情况下使用，可用于模拟室内自然通风、高层建筑天井拔风等现象。

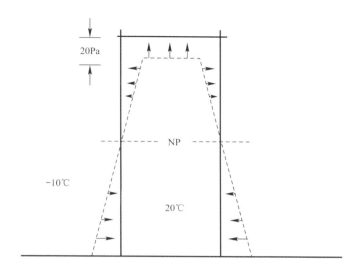

(a)

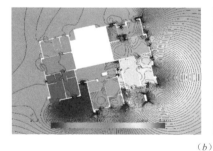
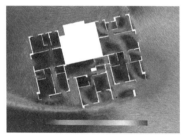

(b)

图 3-18　烟囱效应与穿堂风

(a) 烟囱效应（气压随高度增加而减少）；(b) 压差形成的穿堂风示意图

4. 城市设计和区域规划

在城市雾霾日益严重的今天，人们也开始注重城市建筑的规划布局对城市整体气候的影响。如何形成良好的城市空间风道，如何疏导城市污染空气，如何削弱甚至避开污染源对市民的影响，都是公众普遍关心的问题。通过对城市空间的数值模拟，获得风速放大效果、风速矢量图和污染气体扩散等可视化结果，能对城市设计和区域规划提供详细信息，并给出指导性意见。

此类模拟的空间范围较大，宜对构筑物作简化处理以减少计算成本，但对于人行高度处和污染气体出口处等仍然需要足够的边界层数和网格密度。为了兼顾简化计算和获取详情两方面，建议在加大网格尺寸和简化地面构筑物的基础上，建立加密区，对重点观察部分的网格作加密处理。城市或大区域典型风环境 CFD 模拟流程可参考图 3-19。

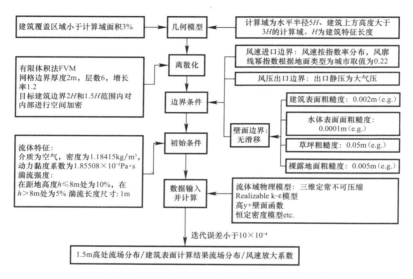

图 3-19　典型城市风环境 CFD 模拟流程示意图

3.3　热环境模拟

在 3.2 节中已经提到，风是地球上由太阳辐射热引起的一种自然对流现象。近地风的成因是不同类型的下垫面受热不同造成的，风环境和热环境仅为建筑环境的 2 种不同的描述。而在 CFD 的计算模拟中，热环境的模拟往往建立在风环境模拟的基础之上。

3.3.1　名词概述

1. 热感觉（Thermal Sensation）

热感觉是人体对热环境的一种主观描述。

不管人们对所处热环境的描述是"冷"还是"热"，都不意味着人能直接感受温度，而是人脑在感受来自神经末梢的刺激后产生的信号。这种信号的产生不仅来自生理上的冷热刺激及其持续时间，还来自人们心理上的期待与适应，同时与人体所处的原有的热状态有关。

2. 热舒适（Thermal Comfort）

热舒适是人体对热环境感觉满意的一种主观评价。不满意或不舒适可由于整个身体对冷热感到不适，或者身体的某一特殊部分受到不必要的冷（或热）所致。①

衡量热环境是否达到舒适状态主要从物理、生理和心理等方面考虑。主要影响因素为空气的温度、湿度、流动速度及其变化，还有个人的代谢和衣着保暖的参数。次要影响因素有很多，包括年龄、性别、习惯、作息、近日天气变化等。

本质上，人产生的舒适或者不舒适感来自皮肤的直接温湿度感受，核心温度和为体热调节付出的必要努力。舒适感一般出现在体表温度变化小、皮肤湿度低、体热调节活动最小化的时候。

同时，舒适度也依赖于个人有意无意对湿热感受的调节，比如改变衣着，改变活动状态，改变姿势或位置，开关空调设备或窗户，抱怨，甚至离开当前空间。即使存在世界范围内的气候、生活环境及文化等方面的差异，人们在接近的服装热阻、活动状态、湿度和空气运动的条件下，选择的舒适温度也十分相近。②

3. 热环境评价

热感觉与皮肤热感受器的活动有关，而热舒适则依赖于人体的热调节反应。无论热感觉，还是热舒适，都是无法直接测量的主观体验。这种主观体验由于个体差异无法精确量化，但客观上存在一种大多数人从生理与心理方面都达到满意状态的热环境。衡量热环

---

① 中国标准化与信息分类编码研究所，中国预防医学科学院劳动卫生与职业病研究所. GB/T 18049—2000 中等热环境 *PMV* 和 *PPD* 指数的测定及热舒适条件的规定 [S]. 北京：中国标准出版社，2001。

② ASHRAE. ASHRAE Handbook [M]. Fundamentals SI Edition. Atlanta：ASHRAE，2005。

境是否达到这种状态，即为热环境评价。

在评价指数（index）的研究方面，从早期的仪器直观测量（卡他冷却能力，当量温度），到经验模型（经典有效温度指数 *ET*，及其修正后的修正有效温度 *CET*、净有效温度 *NET* 等，还有适用于寒冷环境的风冷却指数 *WCI*，适用于湿热环境的湿球黑球温度指数 *WBGT* 等适用于不同热环境的经验模型），到现在的机理模型（预计平均热感觉指数 *PMV*，预计不满意者的百分数 *PPD*，标准有效温度 *SET*，通用热气候指数 *UTCI* 等），科学家对人体热感觉的描述越来越全面、精确，拟真度也越来越高。[①]

与此同时，不同的评价标度（scale）反映出学界对热感觉和热舒适的关系存在不同的理解。

1936 年 Bedford 将热感觉与热舒适合并，提出贝氏标度。他把热感觉从冷到热分为七个等级，并将不冷不热的中性热感受定义为舒适。

1966 年美国开始使用 ASHREA 热感觉标度，同样采用 7 个等级，但在分级时并未涉及是否舒适。

1994 年国际标准化组织（ISO）根据丹麦学者的研究成果确定 ISO7730 标准。该标准以 *PMV-PPD* 指标来描述和评价热环境。其中 *PMV* 为热感觉标度，与 ASHREA 类似采用 7 个等级；*PPD* 反映人感觉不舒适的百分比。这个评价标度综合考虑了人体活动状态、衣着情况、空气温度和湿度、平均辐射温和气流速度等因素，是目前应用最广泛的一种评价标度。

值得一提的是，虽然目前的评价标度体系已经将热感觉和热舒适分离，但一般情况下人们仍将不冷也不热的中性热感觉等同于热舒适，即认为室内热中性温度为室内热舒适温度。但对于处在非热平衡的过渡状态的人来说，这种简单的等同并不成立。

4. *PMV*

PMV 英文全称为 Predicted Mean Vote，即预计平均热感觉指数。

---

① 闫业超，岳书平，刘学华，等. 国内外气候舒适度评价研究进展 [J]. 地球科学进展，2013，28（10）：1119-1125。

《民用建筑供暖通风与空气调节设计规范》（GB 50736—2012）中对 PMV 的术语解释为："PMV 指数是以人体平衡的基本方程式以及心理学生理学主观热感觉的等级为出发点，考虑了人体热舒适感诸多有关因素的全面评价指标。PMV 指数表明群体对于（+3～-3）七个等级热感觉投票的平均指数。"ISO 7730 对 PMV 的推荐值是-0.5～+0.5，在这个区间内是人体感觉最佳的热舒适状态。

PMV 指数可通过估算人体活动的代谢率及服装的隔热值获得，同时还需有空气温度、平均辐射温度、相对空气流速及空气湿度等参数。[①]

$$\begin{aligned} PMV = &(0.303e^{-0.036M} + 0.028)\{(M-W) - 3.05 \times 10^{-3} \\ &\times [5733 - 6.99(M-W) - p_a] - 0.42 \\ &\times [(M-W) - 58.15] - 1.7 \\ &\times 10^{-5}M(5867 - p_a) - 0.0014M(34 - t_a) - 3.96 \times 10^{-8}f_{cl} \\ &\times [(t_{cl} + 273)^4 - (\bar{t}_r + 273)^4] - f_{cl}h_c(t_{cl} - t_a)\} \end{aligned} \tag{3-11}$$

其中：

$$\begin{aligned} t_{cl} = &35.7 - 0.028(M-W) - I_{cl}\{3.96 \times 10^{-8}f_{cl} \\ &\times [(t_{cl} + 273)^4 - (\bar{t}_r + 273)^4] + f_{cl}h_c(t_{cl} - t_a)\} \end{aligned} \tag{3-12}$$

$$h_c = \begin{cases} 2.38(t_{cl} - t_a)^{0.25} & \text{当 } 2.38(t_{cl} - t_a)^{0.25} > 12.1\sqrt{v_{ar}} \\ 12.1\sqrt{v_{ar}} & \text{当 } 2.38(t_{cl} - t_a)^{0.25} < 12.1\sqrt{v_{ar}} \end{cases} \tag{3-13}$$

$$f_{cl} = \begin{cases} 1.00 + 1.290I_{cl} & \text{当 } I_{cl} \leqslant 0.078\text{m}^2 \cdot \text{℃/W} \\ 1.05 + 0.645I_{cl} & \text{当 } I_{cl} > 0.078\text{m}^2 \cdot \text{℃/W} \end{cases} \tag{3-14}$$

式中　PMV——预计平均热感觉指数（表3-15）；

　　　　M——代谢率，W/m^2；

　　　　W——外部做工消耗的热量（对大多数活动可忽略不计），W/m^2；

　　　　I_{cl}——服装热阻，$\text{m}^2 \cdot \text{℃/W}$；

---

① 中国标准化与信息分类编码研究所，中国预防医学科学院劳动卫生与职业病研究所. GB/T 18049—2000 中等热环境 PMV 和 PPD 指数的测定及热舒适条件的规定 [S]. 北京：中国标准出版社. 2001。

f_{cl}——着装时人的体表面积与裸露时人的体表面积之比；

t_a——空气温度，℃；

$\bar{t}_r$——平均辐射温度，℃；

v_{ar}——空气流速，m/s；

p_a——水蒸气分压，Pa；

h_c——对流换热系数，W/(m^2·℃)；

t_{cl}——服装表面温度，℃。

预计热感觉指数 PMV 表 3-15

PMV	热感觉
+3	热 hot
+2	温暖 warm
+1	较温暖 slightly warm
0	适中 newtral
−1	较凉 slightly cool
−2	凉 cool
−3	冷 cold

PMV 指数是根据人体热平衡计算得到的，即认为人体内部产生的热等于在环境中散失的热量时（人体蓄热量 $S=0$）则人体处于热平衡状态为。因此，对于处在非热平衡过渡状态的人群来说，*PMV* 指标的描述具有一定局限性。人在动态环境中的机理模型更为复杂，因此往往使用较为成熟的经验模型，比如黑球温度指数 *WBGT* 和风冷却系数 *WCI* 等。

ISO 7730 也建议只有当 *PMV* 值处于−2～+2 之间时，才能使用 *PMV* 指数。此外，当 6 种主要参数在以下范围内时，可以推荐使用 *PMV* 指数：[①]

$M=46.52 \sim 232.60 \text{W/}m^2(0.8 \sim 4\text{met})$；

$I_{cl}=0 \sim 0.31 m^2 \cdot \text{℃/W}(0 \sim 2\text{clo})$；

$t_a=10 \sim 30\text{℃}$；

$\bar{t}_r=10 \sim 40\text{℃}$；

---

① 中国标准化与信息分类编码研究所，中国预防医学科学院劳动卫生与职业病研究所. GB/T 18049—2000 中等热环境 *PMV* 和 *PPD* 指数的测定及热舒适条件的规定 [S]. 北京：中国标准出版社，2001。

$$v_{ar} = 0 \sim 1\text{m/s};$$

$$p_a = 0 \sim 2700\text{Pa};$$

注：$1\text{met} = 58.15\text{W/m}^2$；$1\text{clo} = 0.155\text{m}^2 \cdot \text{℃/W}$（$0 \sim 2\text{clo}$）。

5. *PPD*

PPD 英文全称为 Predicted Percentage of Dissatisfied，即为预计不满意者的百分数。*PPD* 值是 *PMV* 的函数，可用来反映人感觉的不满意百分比。*PMV* = 0 时，*PPD* 为 5%，即室内热环境处于最佳的热舒适状态，由于人群中的个体生理差别，允许有 5% 的人感到不满意。

《民用建筑供暖通风与空气调节设计规范》GB 50736—2012 中，对 *PPD* 的术语解释为："*PPD* 指数为预计处于热环境中的群体对于热环境不满意的投票平均值。*PPD* 指数可预计群体中感觉过暖或过凉"根据七级热感觉投票表示热（+3），温暖（+2），凉（-2），或冷（-3）的人的百分数"。并在接下来的 3.0.4 条规定："供暖与空调的室内热舒适性应按现行国家标准《中等热环境 PMV 和 PPD 指数的测定及热舒适条件的规定》GB/T 18049—2000 的有关规定执行，采用预计平均热感觉指数（*PMV*）和预计不满意者的百分率（*PPD*）评价，热舒适度等级划分按表 3.0.4 采用。"

当确定 *PMV* 值以后，*PPD* 的值可以从下式得出：[①]

$$PPD = 100 - 95 \times e^{-(0.03353 \times PMV^4 + 0.2179 \times PMV^2)} \tag{3-15}$$

GB/T 18049—2000 中不同热舒适度等级对应的 *PMV*、*PPD* 值见表 3-16 所列。

不同热舒适度等级对应的 *PMV*、*PPD* 表 3-16

热舒适度等级	*PMV*	*PPD*
Ⅰ 级	$-0.5 \leqslant PMV \leqslant 0.5$	10%
Ⅱ 级	$-1 \leqslant PMV < -0.5,\ 0.5 < PMV \leqslant 1$	27%

① ASHRAE. ASHRAE Handbook [M]. Fundamentals SI Edition. Atlanta：ASHRAE，2005.

中国标准化与信息分类编码研究所，中国预防医学科学院劳动卫生与职业病研究所. GB/T 18049—2000 中等热环境 *PMV* 和 *PPD* 指数的测定及热舒适条件的规定 [S]. 北京：中国标准出版社，2001.

6. 热岛强度

热岛强度是热场分布的重要表达手段。城市热岛强度受城市或城市群的地理分布、人口密度、城市及其周边的产业分布、居民生活习惯、城市建筑结构及下垫面特性等的综合影响。

城市热岛的强度会随盛行风速和天空状况改变。当风速大至一定值时，由于在强通风条件下，热量很快被带走以及动力交换作用加大，因此使热岛强度减弱以至消失。这个使热岛现象消失的临界风速值，称为极限风速。极限风速的大小一般来说与城市规模成正比。[①]

在本书 3.2.1 节中关于"热岛环流"一词的概述中，已经对热岛效应作了解释。3.2.1 节中比较偏重于热岛环流造成的城市风环境，而在本节建筑热环境中，更加注重热岛强度及其给城市居民带来的热舒适上的影响。

《城市居住区热环境设计标准》（JGJ 286—2013）中对住区热环境的设计指标为：居住区夏季平均热岛强度不应大于 1.5℃。

7. 建筑热环境

高校教材[②]中一般将室外热环境定义为：作用在建筑外围护结构上的一切热、湿物理因素的总称，也可称为室外气候，是影响室内热环境的首要因素。而室内热环境的品质则直接影响人们的工作、学习和生活，甚至人体的健康。

建筑外部的热环境，主要受到空气温湿度、太阳辐射和风的影响。因此除围护结构本身的热工性能外，热环境与风环境也是紧密相连的。引入 CFD 模拟建筑风环境之后，细化的建筑风环境体现出来的复杂性使得建筑表面风速不仅仅是迎风面、背风面的区分。

因此，我们也可与建筑风环境这一概念对应，将建筑室外热环境引申为比城市热岛更为微观的建筑室外热场分布情况。影响建筑热环境的，不仅仅是围护结构上一切热、湿物理因素，还有与建筑

① 寿绍文. 中尺度气象学 [M]. 第 2 版. 北京：气象出版社，2009。
② 刘加平　主编. 建筑物理 [M]. 第 4 版. 北京：中国建筑工业出版社，2009。

风环境的形成紧密相关的如平面布局、空间组织、建筑形式等。

工程师在设计建造时应避免诸如住户在开窗通风时吹进来的风是某处聚积的热风，或者空调室外机的位置处于涡旋区或静风区等问题的出现。

8. 热传递（Heat transfer）

热力学第二定律可以表达为，温差会导致热能自发从温度高的一侧传递到温度低的一侧。热传递的 3 种基本方式分别是导热（Conduction）、对流（Convection）和辐射（Radiation）。

导热是由温度不同的质点（分子、原子、自由电子）在热运动中引起的热能传递现象。[1]

对流是流体中较热部分和较冷部分之间通过流动使温度趋于均匀的过程。热对流是流体热传递的特有方式，流体的黏度越低越容易产生对流。热对流可分自然对流和受迫对流 2 种。自然对流是由于流体温度不均匀而自然产生的流动。受迫对流是由于外界的影响对流体搅动而形成的流动。温差越大，流体流速越大，接触面积越大，对流传热就越快。[2]

辐射是指温度高于 0℃ 的物体，由于物体原子中的电子振动或激动，从表面向外界空间辐射出电磁波。与导热和对流的不同之处在于，辐射不需要介质，在真空中也能传播；辐射是相互的，辐射传热是辐射而高温物体辐射给低温物体的能量大的结果。[3]

在建筑工程中，由密实固体材料构成的建筑墙体和屋顶，通常可以认为透过这些材料的传热是导热过程，尽管在固体内部可能因细小孔隙的存在而产生其他方式的传热，但这部分所占的比例甚微，可以忽略。[4]

同时，在建筑外表面与空气之间的热传递 3 种方式并存。除热辐射外，其中的导热过程主要发生在贴近固体壁面的黏性底层，而空气中热传递的主要方式为对流。

---

[1] 柳孝图. 建筑物理［M］. 第 3 版. 北京：中国建筑工业出版社，2010。

[2] 同[1]。

[3] 同[1]。

[4] 同[1]。

9. 辐射[1]

当辐射能量到达物体表面时，它将被吸收、反射或透射进物体。因此，根据热力学第一定律，我们得到下式：

$$\rho + \gamma + \tau = 1 \tag{3-16}$$

式中　ρ——入射辐射吸收系数（absorptivity），0~1；

　　　γ——入射辐射反射系数（reflectivity），0~1；

　　　τ——入射辐射透射系数（transmissivity），0~1。

对于不透明的表面，$\tau=0$，$\rho+\gamma=1$。

10. 黑体（Black Body）

黑体，旧称绝对黑体，是一种特殊的辐射体，自然条件下并不存在，只是一种理想化模型。它能够吸收外来的全部电磁辐射，并且不会有任何的反射与透射，同时也发射最大可能强度的辐射。[2]

黑体的辐射吸收系数 $\rho=1$。

11. 发射率（Emissivity/Emittance）

发射率，又称黑度、辐射率等，是指灰体的全辐射本领与同温度下绝对黑体全辐射本领的比值，通常用 ε 表示。黑体的发射率为 1。[3]

$$\varepsilon = \frac{E}{E_b} = \frac{C\left(\dfrac{T}{100}\right)^4}{C_b\left(\dfrac{T_b}{100}\right)^4} = \frac{C}{C_b} \tag{3-17}$$

式中　C——灰体的辐射系数，$W/(m^2 \cdot K^4)$；

　　　T——灰体的绝对温度，K；

　　　E——灰体的辐射本领，W/m^2；

12. 热流密度（Heat Flux）

热流密度，又称热通量，定义为单位时间内通过物体单位横截面积上的热量。按照国际单位制，热流密度单位为 $J/(m^2 \cdot s)$，可换算为 W/m^2。

---

① ASHRAE. ASHRAE Handbook [M]. Fundamentals SI Edition. Atlanta：ASHRAE，2005.

② 柳孝图. 建筑物理 [M]. 第 3 版. 北京：中国建筑工业出版社，2010.

③ 同②。

3.3.2　热环境与风环境的关系

地球上风的根本成因是各种下垫面不同程度地受到来自太阳的辐射造成不同区域温度不同。由于空气受热不均，从而产生气压差，进而在气压梯度力的作用下产生风，所以风环境和热环境是相互关联的。

自然界风的形成非常复杂，我们在使用 CFD 对建筑风环境进行模拟时一般根据模拟区域所在地的气象数据，直接输入风速条件，进行计算分析。而对于建筑热环境，我们关注更多的是在风的作用下，模拟区域中热量的积聚和耗散情况（图 3-20）。

一般建筑表面的热量传递主要为对流传热和辐射传热（图 3-21）。太阳辐射的一部分被空气吸收，一部分被空气中的空气分子、水汽及尘埃散射后到达地面（漫射辐射），一部分未改变照射方向穿过空气到达地面（直射辐射）。到达地面的辐射一部分被地面和建筑表面反射，一部分被吸收，如果这部分壁面有一定透明度则还会有一部分太阳辐射会透射进去。建筑表面吸收太阳辐射温度升高。当建筑表面温度与周围空气温度存在温差时，热量会遵循热力学第二定律从温度高的一侧流向温度低的一侧，建筑表面的空气受热或冷却，和周围空气形成自然对流。与此同时，空气和建筑表面都在相互辐射热量。

在风的带动下，建筑表面的热交换加剧。受热区域中，风速较高气流通畅的部分温度较低，风速较低气流受阻的部分温度较高。涡流或者静风区内的气流阻滞，若不受热则能保持原有温度，若受热则会产生热量聚积的现象。

夏季，由于人皮肤表面的汗液蒸发会带走热量，而风会加速这种散热，所以在风速较高的区域，行人对热的忍受度往往比在风速较低的区域高。虽然目前的规范没有对夏季室外人行高度处平均风速的下限作规定，但一般情况下场地建筑布局需满足气流通畅的要求，否则场地室外热舒适度将会较差。

3.3.3　理论模型和数值计算方法简介

热岛强度是城市热岛的重要表达手段和评价数据。其定义是热岛中 2 个代表性测点的气温差值。但实际上城市热岛效应是以一种

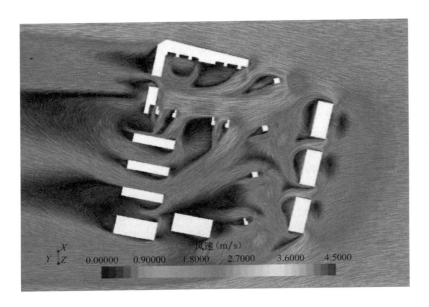

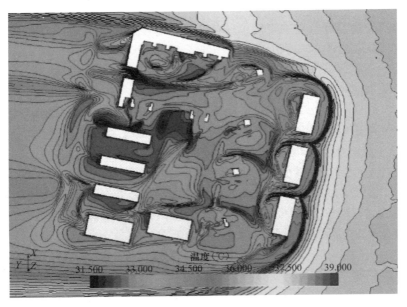

图 3-20 某工程夏季 1.5m 人行高度处风速矢量图和温度云图

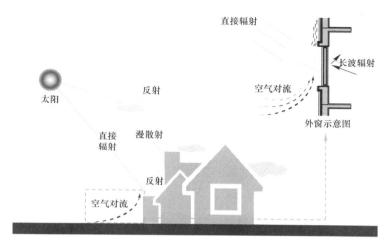

图 3-21　建筑表面辐射示意图

场的形式存在于城市空间中，很难以简单的一个温度差值来表现具体的情况，也很难通过一个简单的温度差值对建筑群的热岛情况作出准确评价。

目前对于城市热岛的研究主要分为数字遥感和数值计算 2 种。本章重点讲述数值计算方法。数值计算方法大致上分 2 类，一种是公式计算，一种为 CFD 模拟。前者能获得具有评价意义的热岛强度结果，后者为计算机仿真模拟，在风环境模拟的基础上增加了耦合换热模型等，能得到具有良好的数据可视化和细节表达的结果。

1. 公式计算方法

《城市居住区热环境设计标准》（JGJ 286—2013）中 5.0.2 条明确了居住区小区平均热岛强度的计算。计算涉及建筑所在地夏季典型气象日的气象参数、统计时长、不同下垫面的辐射吸收系数、不同遮阳体的透射比、不同遮阳特征的对流得热比例、不同下垫面的累计面积，以及绿化率等数据。

值得注意的一点是，这个热岛强度的计算结果并非真实存在的物理量，并不能具体反映热岛效应范围中 2 处代表性测点的温度差，而是一种评价性数据，用于评价目标场地范围内的下垫面组成是否和规范倡导的一致。

《绿色建筑评价标准》（GB/T 50378—2006）中 4.1.12 条规定：住区室外日平均热岛强度不高于 1.5℃。

《绿色建筑评价标准》（GB/T 50378—2014）对热岛强度天数值限制要求。

《城市居住区热环境设计标准》（JGJ 286—2013）中第 3.3.1 条第 2 款：居住区夏季平均热岛强度不应大于 1.5℃。

2. CFD：建筑表面温度的分布

输入边界条件：建筑表面温度（℃）。

优缺点：计算简便，只要建筑表面温度分布的数据充足，可以得到非常理想的模拟结果。但在实际操作中，尤其是在几何模型较为复杂的情况下，若在建模和输入边界条件时就区分受到太阳直射辐射和散射辐射的面以及阴影面，会使得操作非常烦琐，并且往往在一些表面风速较高的区域造成模拟结果温度偏低，使得模拟结果失真。

3. CFD：建筑表面热流密度的分布

输入边界条件：热流密度（W/m²），太阳辐射吸收系数 ρ。

优缺点：与输入表面温度分布的方法类似，这种方法计算简便，只要建筑表面热流密度分布的数据充足，可以得到非常理想的模拟结果。但在实际操作中，尤其是在几何模型较为复杂的情况下，若在建模和输入边界条件时就区分受到太阳直射辐射和散射辐射的面以及阴影面，会使得操作非常烦琐。由于实际建筑表面的热流密度会随着温差的降低而减小，而模拟时往往壁面边界条件的热流密度设定为定值，所以若不进行烦琐的细分处理，往往会造成一些建筑内凹角、局部风影区等气流死角的温度过高，使得模拟结果失真。

4. CFD：太阳辐射

输入边界条件：太阳直射辐射强度，太阳漫射辐射强度，太阳高度角，太阳方位角，建筑外表面对流强度 [W/(m²·K)]，辐射温度 K，视角因素。围护结构表面的发射率 ε、反射率 γ、透射率 τ 等。

优缺点：仿真度较高，无需在建模和输入边界条件时就区分受到太阳直射辐射和散射辐射的面以及阴影面，计算结果能直接提供建筑表面和场地内热环境分布的详细可视化结果。但计算量较大，对计算机性能有一定要求。值得注意的是，由于太阳辐射逐时变化，理论上热环境模拟应该瞬态求解，如果使用稳态求解，将造成模拟结果偏差较大。

3.3.4 边界条件和初始条件

热环境的模拟通常建立在风环境模拟的基础上。在风环境的模型数据基础上，还需要增加耦合换热、辐射等计算模型，并输入更多的参数，如太阳辐射照度、辐射吸收率、发射率和透射率，建筑表面温度或热流密度分布等。

1. 太阳辐射照度

1)《民用建筑供暖通风与空气调节设计规范》（GB 50736—2012）附录 C 太阳夏季总辐射照度

该附录中包含不同纬度和时刻各个朝向上的建筑表面太阳辐射照度，即单位面积上的辐射能量。此类数据乘以建筑表面辐射吸收系数后得到的结果，可大致作为建筑表面辐射得热的参考数值。

2)《城市居住区热环境设计标准》（JGJ 286—2013）附录 A 夏季典型气象日气象参数

该附录中包含主要城市夏季典型气象日的干球温度、相对湿度、水平总辐射照度、水平散射辐射照度、风速和主导风向等数据的是时刻值和日平均值。对于建筑的风、热环境模拟，以及建筑能耗计算、太阳能潜力计算、热舒适指标计算等都具有参考意义。

2. 入射辐射吸收系数与发射率 0～1

对于建筑表面受太阳辐射得到的热量，可以根据下式计算：

$$Q_r = q_r A_s = \rho_s Q_{solar} A_s \qquad (3-18)$$

式中　Q_r——建筑表面受太阳辐射得热，W；

q_r——单位面积受日照辐射得热，W/m²；

A_s——受日照辐射面积，m²；

ρ_s——入射辐射吸收系数；

Q_{solar}——太阳辐射照度，W/m²。

1)《城市居住区热环境设计标准》（JGJ 286—2013）中地表太

阳辐射吸收系数取值（表 3-17）

地表太阳辐射吸收系数取值　　　　表 3-17

地表类型	地面特征	太阳辐射吸收系数
道路、广场	普通水泥	0.74
	普通沥青	0.87
	透水砖	0.74
	透水沥青	0.89
	植草砖	0.74
绿地	草地	0.80
	乔、灌、草绿地	0.78
水面	—	0.96

2)《民用建筑热工设计规范》（GB 50176—93）中太阳辐射吸收系数 ρ 值见表 3-18 所列。

太阳辐射吸收系数 ρ 值　　　　表 3-18

外表面材料	表面状况	色泽	ρ 值
红瓦屋面	旧	红褐色	0.70
灰瓦屋面	旧	浅灰色	0.52
石棉水泥瓦屋面		浅灰色	0.75
油毡屋面	旧，不光滑	黑色	0.85
水泥屋面及墙面		青灰色	0.70
红砖墙面		红褐色	0.75
硅酸盐砖墙面	不光滑	灰白色	0.50
石灰粉刷墙面	新，光滑	白色	0.48
水刷石墙面	旧，粗糙	灰白色	0.70
浅色饰面砖及浅色涂料		浅黄、浅绿色	0.50
草坪		绿色	0.80

3)《建筑物理》教科书[①]

一些材料的黑度（发射率）ε、辐射系数 C 及太阳辐射吸热系数 ρ_s 值见表 3-19。

---

① 柳孝图. 建筑物理 [M]. 第 3 版. 北京：中国建筑工业出版社，2010。

一些材料的黑度（发射率）ε、辐射系数 C

及太阳辐射吸热系数 ρ_s 值   表 3-19

序号	材料	ε（10~40℃）	$C=\varepsilon C_b$	ρ_s
1	黑体	1.00	5.68	1.00
2	开在大空腔上的小孔	0.97~0.99	5.50~5.62	0.97~0.99
3	黑色非金属表面（如沥青、纸等）	0.90~0.98	5.11~5.50	0.85~0.98
4	红砖、红瓦、混凝土、深色油漆	0.85~0.95	4.83~5.40	0.65~0.80
5	黄色的砖、石、耐火砖等	0.85~0.95	4.83~5.40	0.50~0.70
6	白色或淡奶油色砖、油漆、粉刷、涂料	0.85~0.95	4.83~5.40	0.30~0.50
7	窗玻璃	0.90~0.95	5.11~5.40	大部分透过
8	光亮的铝粉漆	0.40~0.60	2.27~3.40	0.30~0.50
9	铜、铝、镀锌薄钢板、研磨钢板	0.20~0.30	1.14~1.70	0.40~0.65
10	研磨的黄铜、铜	0.02~0.05	0.11~0.28	0.30~0.50
11	磨光的铝、镀锡薄钢板、镍铬板	0.02~0.04	0.11~0.23	0.10~0.40

4）ASHRAE 基础手册[①]

一些表面的发射率和吸收率（除混凝土、雪和水外所有数值均为大气层外条件）见表 3-20。

一些表面的发射率和吸收率   表 3-20

表面	总的半球发射率	太阳吸收率
铝		
贴膜，抛光	0.03	0.10
合金：6061	0.04	0.37
屋顶	0.24	
沥青	0.88	
黄铜		

---

① ASHRAE. ASHRAE Handbook [M]. Fundametal SI Edition. Atlanta：ASHRAE，2005.

表面	总的半球发射率	太阳吸收率
氧化	0.60	
光	0.04	
砖	0.90	
混凝土，粗糙	0.91	0.60
铜		
电镀	0.03	0.47
在 Ebanol C 中氧化成黑色	0.16	0.91
板，被氧化	0.76	
玻璃		
光	0.87 to 0.92	
耐热玻璃	0.80	
光滑	0.91	
花岗岩	0.44	
碎石	0.30	
冰	0.96 to 0.97	
石灰石	0.92	
大理石		
抛光或白色	0.89 to 0.92	
光滑	0.56	
砂浆，石灰	0.90	
镍		
电镀	0.03	0.22
太阳能吸收器，在铜上氧化	0.05 to 0.11	0.85
油漆		
黑色		
帕森斯光学，高热硅胶，环氧树脂	0.87 to 0.92	0.94 to 0.97
有光泽	0.90	
搪瓷，在 650K 加热 1000 小时	0.80	

表面	总的半球发射率	太阳吸收率
银染色剂	0.24	0.20
白色		
丙烯酸树脂	0.90	0.26
有光泽	0.85	
环氧	0.85	0.25
纸，屋顶或白色	0.88 to 0.86	
石膏，粗糙	0.89	
耐火	0.90 to 0.94	
砂	0.75	
砂岩，红色	0.59	
银色，抛光	0.02	
雪，新鲜	0.82	0.13
泥	0.94	
水	0.90	0.98
白硅酸锆钾	0.87	0.13

一般建筑材料的表面发射率为 0.90。[①]

3. 建筑外表面换热系数

固体壁面和流体之间的热能传递主要以对流和辐射的方式存在。因此，可以认为：

$$h_o = h_{conv} + h_r \tag{3-19}$$

式中　h_o——建筑外表面换热系数，$W/(m^2 \cdot K)$；

　　　h_{conv}——对流换热系数；

　　　h_r——辐射换热系数。

1）规范定值

（1）《民用建筑热工设计规范》（GB 50176—93）

规范中外表面换热系数 h_o 和换热阻 R_o 见表 3-21。

规范中内表面换热系数 h_i 和换热阻 R_i 见表 3-22。

---

① ASHRAE. ASHRAE Handbook [M]. Fundamentals SI Edition. Atlanta：ASHRAE，2005.

外表面换热系数 h_o 和换热阻 R_o 表 3-21

	表面特性	h_o [W/(m² · K)]	R_o [(m² · K)/W]
冬季	外墙、屋顶，与室外空气直接接触的表面	23.0	0.04
	与室外空气相通的不采暖地下室上面的楼板	17.0	0.06
	闷顶、外墙上有窗的不采暖地下室上面的楼板	12.0	0.08
	外墙上无窗的不采暖地下室上面的楼板	6.0	0.17
夏季	外墙和屋顶	19.0	0.05

内表面换热系数 h_i 和换热阻 R_o 表 3-22

表面特性	h_i [W/(m² · K)]	R_i [(m² · K)/W]
墙面、地面、表面平整或有肋状突出物的顶棚（$h/s \leqslant 0.3$）	8.7	0.11
有肋状突出物的顶棚（$h/s > 0.3$）	7.6	0.13

注：h 为肋高，s 为肋间净距。

对于本规范内外表面换热系数，有关专家指出前提条件为室外风速 3m/s，室外温度是 0～10℃。室内对流认为是自然对流，室内温度 16～24℃。

（2）ASHRAE 基础手册[①]

手册中外表面换热系数 h_o 和换热阻 R 见表 3-23。

外表面换热系数 h_o 和换热阻 R_o 表 3-23

	默认风速	默认表面温差	h_o [W/(m² · K)]	R_o [(m² · K)/W]
冬季	6.7m/s（24km/h）	5.5℃	34.0	0.030
夏季	3.4m/s（12km/h）		22.7	0.044

在参考 ASHRAE 标准的时候注意相关数据之下默认的风速和表面温差。若默认条件与目标建筑所在地的气象参数相差太大，则没有参考意义。

2）计算值

（1）《建筑物理》教科书[②]

对于中等粗糙度的固体表面，围护结构表面受迫对流换热时的

① ASHRAE. ASHRAE Handbook ［M］. Fundamentals SI Edition. Atlanta：ASHRAE，2005.

② 柳孝图. 建筑物理［M］. 第 3 版. 北京：中国建筑工业出版社，2010。

对流换热系数可按下列近似公式计算：

$$h_{conv} = (2.5 \sim 6.0) + 4.2v \qquad (3\text{-}20)$$

式中 v——风速，m/s。

上式中的常数项反映了自然对流换热的影响，其取值取决于温差的大小。对于围护结构内表面对流换热系数的计算，常数项取值 2.5。

围护结构外表面与室外空间的辐射换热，可由下列公式计算得到：

$$h_r = C_{12} \frac{\left[\left(\dfrac{T_1}{100} \right)^4 - \left(\dfrac{T_2}{100} \right)^4 \right]}{\theta_1 - \theta_2} \bar{\psi}_{12} \qquad (3\text{-}21)$$

式中 C_{12}——相当辐射系数，$W/(m^2 \cdot K^4)$；

T_1——物体 1 表面绝对温度，K，$T_1 = 273 + \theta_1$；

T_2——与物体 1 辐射换热的物体 2 表面绝对温度，K，$T_2 = 273 + \theta_2$；

$\bar{\psi}_{12}$——物体 1 对 2 的平均角系数。

上式中，令 $\Delta T = T_1 - T_2 = \theta_1 - \theta_2$，则可得下式：

$$h_r \approx \frac{4 \cdot C_{12} \cdot T_2^3}{10^8} \bar{\psi}_{12} \qquad (3\text{-}22)$$

当考虑围护结构外表面与室外空间辐射换热时，可将室外空间假想成为一平行于围护结构外表面的无限大平面，此时 $\bar{\psi}_{12} = 1$，并以室外气温近似地代表该假想平面的温度。

一般建筑材料的辐射系数为 $4.65 \sim 5.23 W/(m^2 \cdot K^4)$，铝箔的辐射系数为 $0.29 \sim 1.12 W/(m^2 \cdot K^4)$

（2）ASHRAE 基础手册

邓宁华在他 2001 年的硕士毕业论文《风速风向对墙体表面换热系数影响的实验研究》一文中，依据 1985 版的 ASHRAE 基础手册，作出如下综述：

"ASHRAE 又得出垂直平面 MCAdams 公式：$\alpha_{in,c} = 5.6 + 3.9v$（$v \leqslant 5 m/s$）……但为了统一起见，大多数美国建筑传热分析都采用 ASHRAE 基础手册中给出的数据：$\alpha_{out,rc} = a + bv + cv^2$。系数 a、b、

c 值根据 6 种不同表面而不同：①灰泥（$a = 11.583$，$b = 2.634$，$c = 0.0$）；②砖或粗糙的抹面（$a = 12.492$，$b = 1.817$，$c = 0.006$）；③混凝土（$a = 10.788$，$b = 1.874$，$c = 0.0$）；④干净松木（$a = 8.233$，$b = 1.789$，$c = -0.006$）；⑤光滑松木（$a = 10.221$，$b = 1.386$，$c = 0.0$）；⑥玻璃、白油漆松布（$a = 8.233$，$b = 1.488$，$c = 0.0$）。对于大部分的建筑材料表面，外表面换热系数计算公式的二次项系数都为 0，也就是说，大多数建筑材料外表面换热系数与风速实际上是显现关系……"

孙进旭在 2006 年的《墙体表现换热系数受风速影响的分析研究》一文中，依据 1981 版的 ASHRAE 基础手册，提到："对于砖和粗糙的墙体表面，ASHRAE 推荐墙体外表面换热系数与风速的关系式为：$h_{out} = 0.006 v_z^2 + 1.817 v_z + 12.492$。"

刘艳峰和刘加平在 2008 年的《建筑外壁面换热系数分析》一文中，依据 2001 版的 ASHRAE 基础手册，提到："外壁面对流换热是自然对流换热和受迫对流换热综合作用的结果……当室外气流速度较大时，受迫对流换热起主导作用，可近似忽略自然对流作用，如美国推荐按以下式计算：$\alpha_c = 5.62 + 3.9v$（$v < 5m/s$）；$\alpha_c = 7.2v^{0.78}$（$5 < v < 30m/s$）"

由于手头缺乏 2013 版和 2005 年版以前的 ASHRAE 基础手册的资料，在 2005 年版和 2009 年版的 ASHRAE 基础手册上均未找到类似的建筑外表面对流换热系数对风速的线性公式或一元二次式。但从以上论文引用的数据和公式的延续性和变化性上看可以看出，实际工程应用中的建筑围护结构外表面对流换热系数，在很长一段时间里，ASHRAE 认为可以根据风速确定。

4. 辐射温度

若物体的总辐射出射度与某一温度的黑体总辐射出射度相等，则黑体的温度称为该物体的辐射温度。根据斯蒂芬—玻尔兹曼定律（Stefan-Boltzmann Law），黑体的辐射出射度与热力学温度的四次方成正比。

平均辐射温度，即式 3-11 和式 3-12 里出现的参数 $\bar{t}_r$，是指环境周围表面对人体的辐射温度。平均辐射温度经常用于热舒适的评价或者人体辐射散热量的计算等，是一个较为热门的参数。它不能被直接测量，需要通过一定的测量方法和计算得到。

定向辐射温度的测定：①

$$T_{DMRT} = \left[\frac{E}{\sigma} + T_S^4 \right]^{1/4} \tag{3-23}$$

式中　T_{DMRT}——平均辐射温度，K；

　　　　E——辐射强度，W/m^2；

　　　　σ——斯蒂芬玻尔兹曼常数，取 $5.67 \times 10^{-8} W/(m^2 \cdot K^4)$；

　　　　T_S——测头温度，℃。

5. 网格边界厚度

风环境和热环境模拟对网格细分的要求不同。建筑热环境边界层往往比风环境边界层的厚度更小。在模拟壁面传热的问题时，提高近壁面网格划分的精度是非常必要的。②

3.3.5　模拟方式

热环境的模拟往往建立在风环境模拟的基础之上，引入耦合换热模型并输入相关参数，进而得到我们想要的热环境模拟计算结果。引入不同类型的参数和计算模型，会导致不同的成本和结果。

1. 室内热舒适

室内空间的热舒适情况，典型的有夏季空调、冬季采暖和过渡季的自然通风。

过渡季的自然通风，由于室内外气流连通，自然对流强度较弱可以忽略。因此在进行模拟计算时一般不引入理想气体和重力模型。

夏季空调和冬季采暖，由于室内处于相对封闭的情况，需要考虑自然对流的影响，因此在模拟计算时需引入理想气体和重力模型（表 3-24）。

---

① 中国疾病预防控制中心环境与健康相关产品安全所. GB/T 18204.1—2013 公共场所卫生检验方法　第 1 部分：物理因素 [S]. 北京：中国标准出版社，2014。

② （日）村上周三. CFD 与建筑环境设计 [M]. 朱清宇等译. 北京：中国建筑工业出版社，2007。

74

室内热环境模拟示意图表
表 3-24

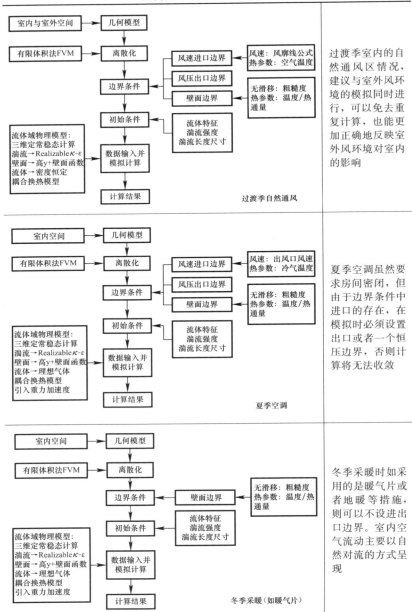

过渡季室内的自然通风区情况，建议与室外风环境的模拟同时进行，可以免去重复计算，也能更加正确地反映室外风环境对室内的影响

夏季空调虽然要求房间密闭，但由于边界条件中进口的存在，在模拟时必须设置出口或者一个恒压边界，否则计算将无法收敛

冬季采暖时如采用的是暖气片或者地暖等措施，则可以不设进出口边界。室内空气流动主要以自然对流的方式呈现

这类模拟能够提供可视化的室内温度分布结果，可以帮助工程师避免不利的室内空间形态设计，寻找合理的 HVAC 系统末端设置，对高大空间、玻璃幕墙等室内环境的设计具有重要的参考意义。

需要注意的是，此类模拟空间范围较小，应对室内空间采取加密边界层和提高网格密度的措施，以便计算收敛并得到较为理想的结果。

2. 城市设计和区域规划

热岛效应对城市小气候的影响十分明显。尤其是随着城市化进程的加快，城市热岛效应带来的污染聚集、能源消耗和居民健康等问题日益突出。

由于风与热的密切关系，城市热岛中风场流畅的区域往往不易聚集热量，但并非所有区域的风速与温度都呈反比，热环境模拟能够提供区域热岛的具体分布，为城市设计和区域规划提供重要参考。

此类模拟空间范围较大，宜适当加大网格尺寸并对地面构筑物作简化处理，以减少不必要的计算成本，但对于下垫面的热参数（如不同材质特性的建筑、路面以及植被绿化等）仍需要仔细考虑。直接输入表面热通量或温度分布可以简化计算。但建筑分布错落、体形各异，受热不均，使用这种方法会导致在边界条件的处理上非常烦琐，且需要有足够的数据支持。为了减少人工和烦琐的初期预处理工作，把任务交给计算机完成，可以引入更加复杂的物理模型，比如辐射模型等（图 3-22）。

3. 建筑体形

建筑的体形往往直接影响建筑室内外的风环境和热环境。在数值模拟中，为了在不失真的前提下尽量简易操作节约成本，模拟建筑的体形也会直接影响工程师的操作选择。

一般情况下，形体简单规整的建筑，可使用直接输入表面热通量或温度分布的方法，能有效提高计算效率，获得相对理想的模拟结果。对细节信息要求较高，同时体形复杂的建筑，如包含大量曲面、凹凸、不规则造型的建筑，在无法获取足够数据的情况下，不建议使用直接输入表面热通量或温度分布的方法。

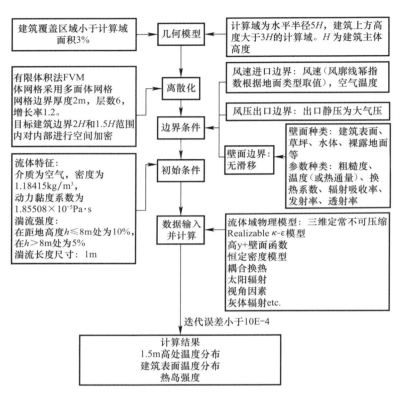

图 3-22 典型城市热环境 CFD 模拟流程示意图

第4章 工 程 案 例

本章第一部分（4.1～4.5节）通过工程案例的风环境模拟分析，从中体现每个工程各自的独特性，并进一步验证风热环境计算方法的适用性和具体运用。

第二部分（4.6节）提出在概念设计阶段基于风环境模拟优化的分析思路，为建筑方案设计开拓思路。

4.1　计算方法与边界条件

本章分析案例为温州地区实际工程，边界条件采用温州地区气象数据。

4.1.1　气候特征

温州位于浙江省东南部。全境介于北纬 27°03′～28°36′，东经 119°37′～121°18′。温州属亚热带海洋季风湿润性气候区，年平均水气压达 1800～1900Pa 帕，年平均相对湿度 80% 左右，年降雨量在 1500～1900mm 之间。温州常年平均气温在 18℃ 左右，年平均气温 16.1～18.2℃。最冷月（1月）平均气温 7～8℃，极端最低气温 −4～5℃，多数年份 −1～3℃，冬季日最低气温 <0℃，平均日数 8d。1月份平均气温 6.8～8℃，7月份平均气温 25.5～28.2℃。

分析主要针对案例建筑的冬季、夏季和过渡季节时的风环境进行模拟。根据《中国建筑热环境分析专业气象数据集》与温州市交通运输局在网上电子政府政务公开提及的温州气象条件，温州地区风向的季节性变化明显。每年 10 月至翌年的 2 月多 NW 风、频率为 14%～20%，3～6 月盛行 ESE 风，频率为 21%～23%，7～9 月以 E 风最多，频率为 14%～23%（温州站资料）。

4.1.2　风环境计算方法

风环境计算方法详见本书 3.2.4 节。

4.1.3 风环境边界条件设置

风环境边界条件详见本书 3.2.4 节。

风环境、热环境模拟计算气象参数见表 4-1 所列。

温州地区设计室外气象参数			表 4-1
	冬季	夏季	过渡季
平均风速（m/s）	2.9	3.4	2.1
最多风向	NW	E	ESE
通风室外计算温度（℃）	—	31.5	—

4.2 分析案例 1：瑶溪住宅区

4.2.1 案例概况

该案例为温州市瑶溪经济适用房地块，位于永强副城区——瑶溪南片居住区内，东起南洋大道，西至瑶溪河，南到永中路，北接永宁路，总用地面积约为 50.53hm²，净用地面积为 40.76hm²。规划用地现状主要为农业用地和部分农居用地。案例模型如图 4-1所示。

图 4-1 案例模型图

该案例场建筑主要为居住建筑，兼部分公共建筑。场地处于城市郊区地带，本身拥有良好的自然通风条件，建筑布局以行列式为主，在夏季、过渡季能形成多排良好的通风道，为建筑内部及场地创造良好的自然通风提供条件；场地中间纵向中轴区域为公共建筑集中布置区，建筑体形较大，对自然通风不利。

该案例场地内部众多的自然河道、公共绿地，是有利于创造舒适热环境的良好下垫面。

基于上述情况判断，该场地将拥有较好的风、热环境，下文将对该场地风、热环境情况进行模拟分析。

4.2.2　计算区域及几何模型

1. 模拟计算区域

计算区域呈正方形，取建筑群高度为特征高度 H，建筑群东西方向长度为特征长度 L，进风入口距建筑群为 $5L$，建筑群距出口方向为 $5L$，计算域高度为 $5H$。建筑群距计算域两侧边界为 $5L$。计算区域如图 4-2 所示。

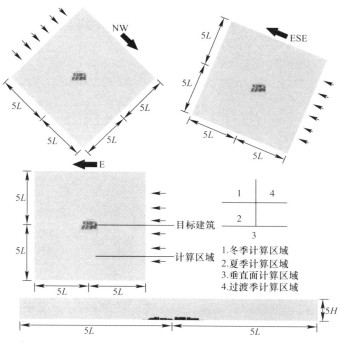

图 4-2　模拟计算区域示意图

2. 面网格模型

本案例面网格尺寸详见表 4-2，模型如图 4-3 所示。

面网格尺寸设置		表 4-2
区域	网格最小尺寸（m）	网格目标尺寸（m）
目标建筑群	1.5	8.0
加密区域一	5.0	5.0
加密区域二	8.0	8.0
其他	50.0	100.0

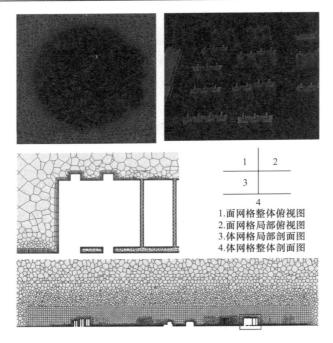

1. 面网格整体俯视图
2. 面网格局部俯视图
3. 体网格局部剖面图
4. 体网格整体剖面图

图 4-3　面网格和体网格模型示意图

3. 体网格模型

体网格采用多面体网格，在建筑群与地表设置边界层网格，边界层总厚度为 2.0m，层数为 6 层，增长率为 1.2；对案例建筑进行空间加密，设置加密区域一（加密尺寸为 5.0m）和加密区域二（加密尺寸为 8.0m）。

4.2.3　模拟结果

根据 3.24 节和 4.2.2 节提及的边界条件设定方法，输入本案例有关数据，计算收敛后得出图 4-4～图 4-6。

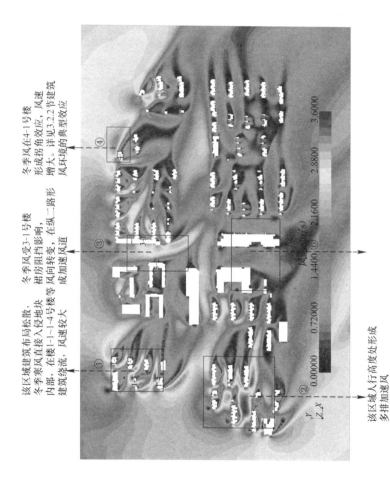

该区域建筑布局松散，　冬季风受3-1号楼　　　　冬季风在4-1号楼
冬季寒风直接入侵地块　裙房阻挡影响，　　　　　形成拐角效应，风速
内部，在楼1-1~4号楼等　风向转变，在纵二路形　　增大。详见3.2.2节建筑
建筑绕流，风速较大　　成加速风道　　　　　　　风环境的典型效应

风速（m/s）

0.00000　0.72000　1.4400　2.1600　2.8800　3.6000

该区域人行高度处形成
多排加速风

图 4-4　典型气象年冬季建筑风环境模拟结果

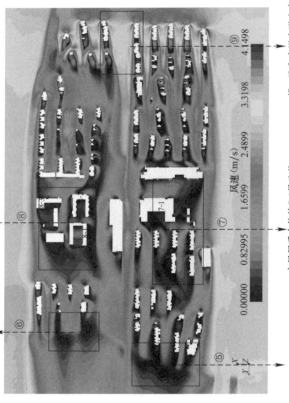

纵四路和西侧部分绿化
位于尾流区域，风速较低

纵四路和西侧部分绿化
位于尾流区域，风速降低

8-1~8-3号楼等建筑采用半围合
方式，临近建筑，学校操场
区域处于风影区域内，风速降低

主导风受大体块7-1号公共
建筑影响，其下风向的住宅
建筑大部分位于风影区内，风速较低

横一路和南洋大道十字路口气流
有明显的加速风道形成，气流风
速在横一路全段中均匀递减

风速 (m/s)

0.00000 0.82995 1.6599 2.4899 3.3198 4.1498

图 4-5 典型气象年夏季建筑风环境模拟结果

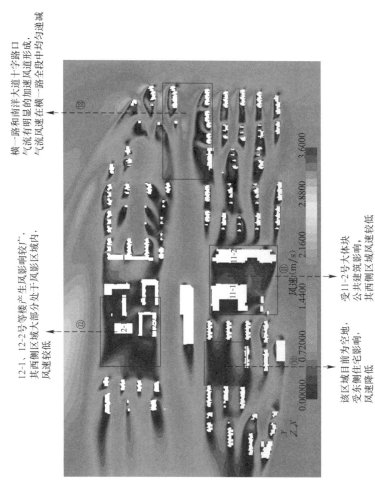

横一路和南洋大道十字路口
气流有明显的加速风道形成，
气流风速在横一路全段中均匀递减

12-1、12-2号等楼产生风影响较厂，
其西侧区域大部分处于风影区域内，
风速较低

该区域目前为空地，
受东侧住宅影响，
风速降低

受11-2号大体块、
公共建筑影响，
其西侧区域风速较低

风速(m/s)

图 4-6 典型气象年过渡季建筑风环境模拟结果

4.2.4 模拟结果分析

1. 风环境结果分析——基于《绿色建筑评价标准》（GB/T 50378）条文要求

冬季工况下，案例场地内冬季风速最大为 3.6m/s，行人区风速均小于 5m/s，场地大部分区域由于总平面布局建筑分散，风速较大，案例场地西侧设置了绿化带，利于阻碍冬季寒风（详见图 4-4 冬季建筑风环境模拟结果①～④）。

夏季工况下，主导风沿地块建筑绕流，在建筑群中形成多排良好的通风风道，主要有横一路、永宁路、永中路 3 条主要风道，最大风速为 4.2m/s。场地整体气流通畅，在⑨区域形成狭管效应，出现一定加速气流。在⑤～⑧等区域气流受遮挡，处于风影区域内，风速较低。

过渡季工况下，建筑气流与夏季较相似，在建筑群中形成多排良好的通风风道，最大风速为 3.6m/s。在⑬区域形成狭管效应，出现加速气流。在⑩、⑪等区域受不同原因，风速较低。

综上，地块布局利于夏季通风，冬季防风，人行活动基本不受冬季寒风影响。夏季除⑪、⑫等区域自然通风较不理想外，其余建筑场地自然通风良好。

风环境指标评价：

（1）本地块建筑物周围人行区 1.5m 高度处风速均低于 5m/s，风环境满足《绿色建筑评价标准》（GB/T 50378—2006）中 4.1.13 和 5.17 两款条文，满足 GB/T 50378—2014 中 4.2.6 条文。

（2）本案特征描述：地块形状规则，形似长方形，建筑总平面布局，有利夏季形成自然通风；该地块西侧沿河设置了绿化带，绿化带密植乔灌木，对冬季防风有很明显的正面作用，利于阻挡冬季寒风。案例特征详见表 4-3。

<table>
<tr><td colspan="3">**案例特征描述**</td><td>表 4-3</td></tr>
<tr><td colspan="2">特征分析</td><td>判定</td><td>是否利于微环境舒适性</td></tr>
<tr><td colspan="2">建筑群朝向规律</td><td>√</td><td>有利</td></tr>
<tr><td colspan="2">区间道路宽敞</td><td>√</td><td>有利</td></tr>
</table>

续表

特征分析	判定	是否利于微环境舒适性
自然河道通过建筑群	√	有利
前后建筑物的间距良好	√	有利
建筑高差迎合主导风向的季节变化	×	不利
无高风速区域	√	有利
风速由上风向向下风向均匀的递减	√	有利
住宅建筑净密度大的组团布置在冬季主导风向的上风向	×	不利
住宅建筑净密度大的组团布置在夏季主导风向的下风向	×	不利
开敞型院落组团的开口不朝向冬季主导风向	×	不利
居住区围墙应能通风，围墙的可通风面积率＞40％	√	有利
居住区结合景观设施引导活动空间的空气流动或防止风速过高	×	不利
居住区夏季户外活动场地有遮阳，遮阳覆盖率≥表4-2居住区活动场地的遮阳覆盖率限值	×	不利

注：符合为"√"，不符合为"×"，无此内容为"—"

2. 热环境结果分析——基于《城市居住区热环境设计标准》（JGJ 286—2013）标准对仿真模拟结果进行验证计算

本节主要针对瑶溪住宅区分块模拟结果进行验证计算。场地可划分为 A、B、C、D、E、F、G、H、I 九大块，如图 4-7 所示。

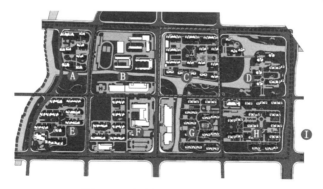

图 4-7　瑶溪住宅区分块示意图

1）仿真模拟结果

结果详见图 4-8 典型气象年夏季建筑热环境模拟结果，对模拟结果分析见表 4-4 所列。

各分块热岛强度　　　　　　　　　表 4-4

位置	A区	B区	C区	D区	E区	F区	G区	H区	I区
平均温度（℃）	34.69	34.75	34.65	34.76	34.83	34.9	34.85	34.97	34.8
平均热岛强度（℃）	3.19	3.25	3.15	3.26	3.33	3.40	3.35	3.47	3.30

综上，本地块建筑物周围人行区 1.5m 高度处，各分块场地平均温度最低气温较边界初始温度高 3.15℃左右，热环境不满足《绿色建筑评价标准》（GB/T 50378—2006）中 4.1.12 条文要求。

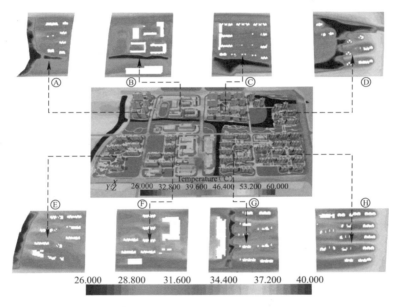

图 4-8　典型气象年夏季外表面及距地 1.5m 处热环境模拟结果

2）验算分析结果

根据《城市居住区热环境设计标准》（JGJ 286—2013）验证计算时间为典型气象年 7 月 21 日下午 2 时，验算数据主要包括：下午 2 时居住区设计的空气温度对应下的空气相对湿度、气象日空气干球温度、地表入射太阳辐射照度、地表反射的短波辐射照度、典型气象日水平总辐射和散射照度、建筑阴影率、平均天空角系数、平均太阳辐射吸收系数和场地下垫层面积等数据，下垫层面积详见表 4-5 所列。

各区域下垫层面积相关指标　　　　表 4-5

	A 区	B 区	C 区	D 区	E 区
地块面积（m²）	180074	40013	40624	52336	46279
建筑密度	0.29	0.4	0.23	0.27	0.28
室外面积（m²）	128038	24134	31388	38368	33327
广场面积（m²）	6211	1201	3782	343	884
道路面积（m²）	5338	0	1246	0	4092
绿地面积（m²）	57269	7707	13216	21987	14287
水面面积（m²）	0	0	0	0	0
乔木爬藤面积（m²）	7613	716	1448	2448	3002
渗透型硬地面积（m²）	18206	4135	5813	343	7915
地表平均太阳辐射吸收系数	0.79	0.79	0.78	0.8	0.78
地面粗糙系数	0.22	0.22	0.22	0.22	0.22
平均迎风面积比	0.86	0.93	0.84	0.87	0.81
绿化遮阳覆盖率	0.06	0.03	0.05	0.06	0.09

注：室外面积＝广场面积＋道路面积＋绿地面积＋水面面积＋乔木爬藤面积＋渗透型硬地面积。下垫层部分面积出现叠加，各参数叠加会有一定的误差。各参数与公式验算的关系详见附录 E 绿色建筑相关国家标准要求中 E2 热环境相关要求。

经查阅相关标准资料及计算（计算方法详见附录 E 绿色建筑相关国家标准要求中 E2 热环境相关要求），得出验算结果如表 4-6。

各区域验算热岛结果　　　　表 4-6

位置	A 区	B 区	C 区	D 区	E 区	F 区	G 区	H 区	I 区
平均温度（℃）	36.12	37.33	34.77	36.44	35.32	36.25	35.12	35.17	35.82
平均热岛强度（℃）	4.62	5.83	3.27	4.94	3.82	4.75	3.62	3.67	4.32

3）仿真与验算结果对比数据

案例各区域热岛对比结果见表 4-7、图 4-9 所示。

案例各区域热岛对比　　　　表 4-7

位置		A 区	B 区	C 区	D 区	E 区	F 区	G 区	H 区	I 区
平均温度（℃）	模拟值	34.69	34.75	34.65	34.76	34.83	34.9	34.85	34.97	34.8
	验算值	36.12	37.33	34.77	36.44	35.32	36.25	35.12	35.17	35.82

位置		A区	B区	C区	D区	E区	F区	G区	H区	I区
平均热岛强度（℃）	模拟值	3.19	3.25	3.15	3.26	3.33	3.4	3.35	3.47	3.3
	验算值	4.62	5.83	3.27	4.94	3.82	4.75	3.62	3.67	4.32

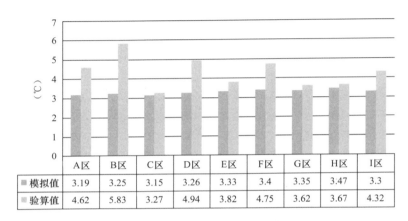

图 4-9 各区域平均热岛对比结果

4）小结

（1）模拟结果中 H 区平均热岛强度最大为 3.47℃，最小热岛强度为 3.15℃，整体平均热岛强度在 3.3℃。

（2）验算结果中 B 区平均热岛强度最大为 5.83℃，最小热岛强度为 3.62℃，整体平均热岛强度在 4.32℃。

（3）验算结果比模拟结果的平均热岛强度平均值大 1.4℃，其中 B 区平均热岛强度相差 2.58℃，D 区热岛强度相差最小 0.12℃。

4.3 分析案例2：温州某商住用地

4.3.1 案例概况

本案例位于浙江省温州市某县，用地西侧临近云寿北路，西南靠近公园路，南侧为景园路，东侧为常春路，东北面靠拥军路。建设总用地面积为 9.296 万 m²。用地功能为居住建筑、商业建筑。案例模型如图 4-10 所示。

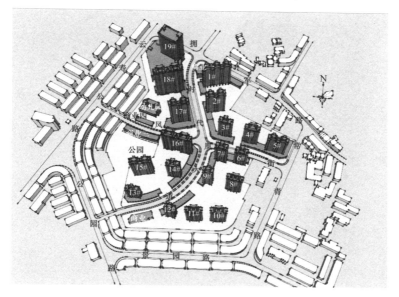

图 4-10　案例模型图

案例地块原为绿地，周边有较多现有建筑，朝向无规则，在该地块外围呈环状布置。周边建筑的布置形式影响案例地块自然通风，对案例地块场地冬季防风产生有利的同时，也严重影响了该场地的夏季及过渡节自然通风。

本案例的建筑朝向及布局形式存在哪些优缺点，是否有利于发挥场地现有自然通风条件的优势，削弱现有自然通风条件的劣势，场地下垫层设计是否有利于创造舒适的热环境，我们将通过对该案例的环境模拟进行探讨。

4.3.2　计算区域及几何模型

1. 模拟计算区域

计算区域呈正方形，取建筑群高度为特征高度 H，建筑群东西方向长度为特征长度 L，进风入口距建筑群为 $5L$，建筑群距出口方向为 $5L$，计算域高度为 $5H$。建筑群距计算域两侧边界为 $5L$。计算区域如图 4-11 所示。

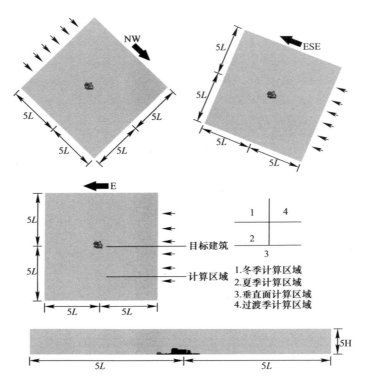

图 4-11　模拟计算区域示意图

NW

ESE

E

目标建筑

计算区域

1.冬季计算区域
2.夏季计算区域
3.垂直面计算区域
4.过渡季计算区域

2. 面网格模型

本案例面网格模型尺寸见表 4-8 所列。

面网格尺寸设置　　　　　　　　　　表 4-8

区域	网格最小尺寸（m）	网格目标尺寸（m）
目标建筑群	0.2	0.8
周边建筑	1.0	3.0
加密区域一	5.0	5.0
加密区域二	10.0	10.0
其他	20.0	40.0

3. 体网格模型

体网格采用多面体网格，在建筑群与地表设置边界层网格，边界层总厚度为 2.0m，层数为 6 层，增长率为 1.2；对案例建筑进行空间加密，设置加密区域一（加密尺寸为 5.0m）和加密区域二（加密尺寸为 10.0m）。面网格和体网格模型如图 4-12 所示。

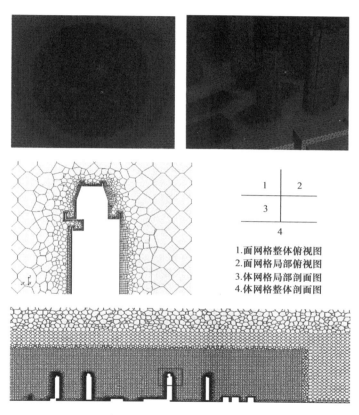

1. 面网格整体俯视图
2. 面网格局部俯视图
3. 体网格局部剖面图
4. 体网格整体剖面图

图 4-12　面网格和体网格模型

4.3.3　模拟结果

根据 3.2.4 节和 4.3.2 节提及的边界条件设定方法，输入本案例有关数据，计算收敛后得出图 4-13～图 4-15。

92

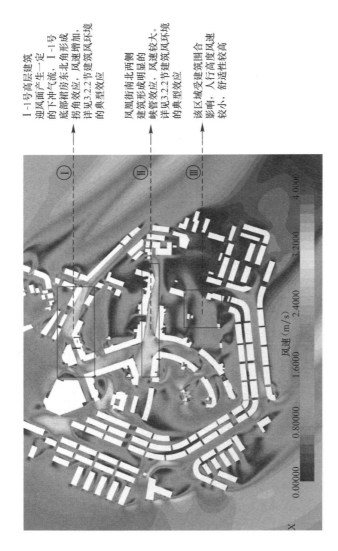

Ⅰ Ⅰ-1号高层建筑
迎风面产生一定
的下冲气流，Ⅰ-1号
底部裙房东北角形成
拐角效应，风速有环境
增加。详见3.2.2节建筑风环境
的典型效应

Ⅱ 凤凰街南北两侧
建筑形成的
峡管效应，风速较大
详见3.2.2节建筑风环境
的典型效应

Ⅲ 该区域受建筑围合
影响，人行高度风速
较小，舒适性较高

风速（m/s）

0.00000　0.80000　1.6000　2.4000　3.2000　4.0000

图 4-13　典型气象年冬季建筑风环境模拟结果

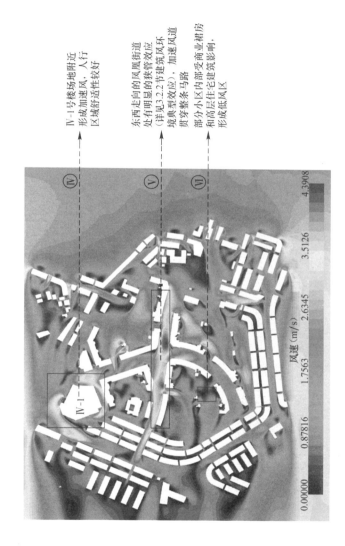

IV-1号楼场地附近
形成加速风，人行
区域舒适性较好

东西走向的凤凰街道
处有明显的狭管效应
（详见3.2.2节建筑风环
境典型效应），加速风道
贯穿整条马路

部分小区内部受商业耕房
和高层住宅建筑影响，
形成低风区

风速（m/s）

0.00000　0.87816　1.7563　2.6345　3.5126　4.3908

图 4-14 典型气象年夏季建筑风环境模拟结果

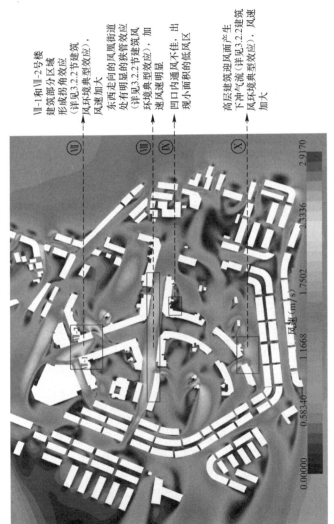

Ⅶ-1和Ⅶ-2号楼建筑部分区域形成拐角效应（详见3.2.2节建筑风环境典型效应），风速加大

东西走向的凤凰街道处有明显的狭管效应（详见3.2.2节建筑风环境典型效应），加速风速明显

凹口内通风不佳，出现小面积的低风区

高层建筑迎风面产生下冲气流（详见3.2.2节建筑风环境典型效应），风速加大

风速 (m/s)

0.00000　0.58340　1.1668　1.7502　2.3336　2.9170

图 4-15　典型气象年过渡季建筑风环境模拟结果

4.3.4 模拟结果分析

1. 风环境结果分析——基于《绿色建筑评价标准》（GB/T 50378）条文要求

冬季工况下，原场地自身受周边多层建筑影响，整个地块利于冬季防风。冬季主导风在部分高层建筑迎风面产生一定的下冲气流，不利冬季防风。在凤凰街、时代大道和拥军路等街道处风速加强，不利冬季防风，恶化原场地冬季防风。详见图 4-13 典型气象年冬季建筑风环境模拟结果（Ⅰ—Ⅲ）。

夏季工况下，受周边建筑的影响，原场地自然通风受影响较大。案例设立东西走向的凤凰街道，引导气流在该区域形成狭管效应，加强该区域的自然通风。但居住区域采用半围合形式，居住区内及公园局部出现低风区。详见图 4-14 夏季建筑风环境模拟结果（Ⅳ—Ⅵ）。

过渡季工况下，场地整体气流通畅，主要表现于Ⅶ、Ⅷ、Ⅹ等区域。Ⅸ区域出现低风区。详见图 4-15 过渡季建筑风环境模拟结果。

综上，案例设计后，住区内部：冬季小区内部场地风速较低，风环境较好；夏季及过渡季小区内居住区采用半围合形式，内部场地大部分风速较低不利夏季和过渡季节自然通风。街区：冬季街区有明显风速增大，恶化了冬季防风；夏季，原地块自身夏季通风较差，案例通过设立东西、南北街道，形成风道，但大部分居住区采用半围合形式，不利夏季和过渡季节自然通风。

总结，本地块整体不利于冬季防风和夏季自然通风。

风环境指标评价：

（1）本地块建筑物周围人行区 1.5m 高度处风速均低于 5m/s，风环境满足《绿色建筑评价标准》（GB/T 50378—2006）中 4.1.13 和 5.17 两款条文，满足 GB/T 50378—2014 4.2.6 条文。

（2）特征描述：案例自然场地情况复杂，利于冬季防风，不利夏季自然通风。案例建筑以高层为主，与周边建筑高度差较大，在高层建筑迎风侧形成明显下冲气流，在凤凰街、时代大道和拥军路等街道处风速加强，恶化冬季防风；场地自身不利于夏季和过渡季自然通风，案例沿街一圈为商业建筑，形成半围合形式，更加不利夏季和过渡季节自然通风。案例特征详见表 4-9。

案例特征描述　　　　　　　　　　　表 4-9

特征分析	判定	导致影响
建筑群朝向规律	×	不利
区间道路宽敞	√	有利
自然河道通过建筑群	×	不利
前后建筑物的间距良好	√	有利
建筑高差迎合主导风向的季节变化	×	不利
无高风速区域	√	有利
风速由上风向向下风向均匀的递减	√	有利
住宅建筑净密度大的组团布置在冬季主导风向的上风向	√	有利
住宅建筑净密度大的组团布置在夏季主导风向的下风向	√	负面
开敞型院落组团的开口不朝向冬季主导风向	√	有利
居住区围墙应能通风，围墙的可通风面积率>40%	√	有利
居住区结合景观设施引导活动空间的空气流动或防止风速过高	×	负面
居住区夏季户外活动场地有遮阳	×	负面

注：符合为"√"，不符合为"×"，无此内容为"—"

2. **热环境结果分析—基于《城市居住区热环境设计标准》** (JGJ 286—2013) 标准对仿真模拟结果进行验证计算

本次主要对温州某商业用地进行分块计算，分成 A、B、C、D、E 五大块进行计算验证，详见图 4-16 温州某商业用地分块示意图。

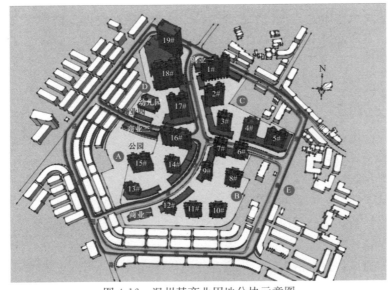

图 4-16　温州某商业用地分块示意图

1）仿真模拟结果详见图 4-17 典型气象年夏季建筑热环境模拟结果，各分块热岛强度见表 4-10 所列。

各分块仿真热岛强度　　　表 **4-10**

位置	A 区	B 区	C 区	D 区	E 区
平均温度（℃）	34.92	34.94	34.92	34.92	34.93
平均热岛强度（℃）	3.42	3.44	3.42	3.42	3.43

综上，本地块建筑物周围人行区 1.5m 高度处气温，B 区平均热岛强度最大为 3.44℃，A、C、D 区平均热岛强度最小为 3.42℃，热环境不满足《绿色建筑评价标准》（GB/T 50378—2006）中 4.1.12 条文。

2）根据《城市居住区热环境设计标准》（JGJ 286—2013）验证计算时间为典型气象年 7 月 21 日下午 2 时，验算数据主要包括：下午 2 时居住区设计的空气温度对应下的空气相对湿度、气象日空气干球温度、地表入射太阳辐射照度、地表反射的短波辐射照度、典型气象日水平总辐射和散射照度、建筑阴影率、平均天空角系数、平均太阳辐射吸收系数和场地下垫层面积等数据，下垫层面积详见表 4-11 所列。

经查阅相关标准资料及计算（计算方法详见附录 E 绿色建筑相关国家标准要求中 E2 热环境相关要求），得出验算结果见表 4-12 所列。

3）对比数据见表 4-13、图 4-18 所示。

4）小结：

（1）模拟结果中 B 区域平均热岛强度最大为 3.44℃，最小热岛强度为 3.42℃，整体平均热岛强度在 3.43℃。

（2）验算结果中 D 区域平均热岛强度最大为 3.56℃，最小热岛强度为 2.48℃，整体平均热岛强度在 3.05℃。

（3）验算结果比模拟结果的平均热岛强度平均值大 0.38℃，其中 A 区平均热岛强度相差最大为 0.94℃，C 区热岛强度相差最小 0.07℃。

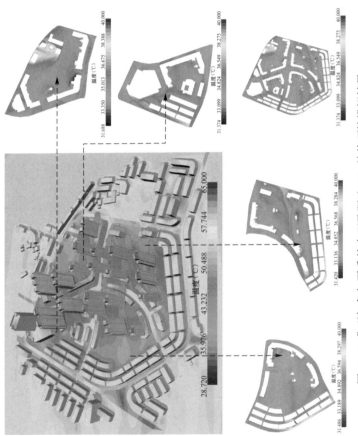

图 4-17 典型气象年夏季年外表面及距地 1.5m 处热环境模拟结果

各区域下垫层面积相关指标 表 4-11

	A 区	B 区	C 区	D 区	E 区
地块面积（m²）	180074	40013	40624	52336	46279
建筑密度（m²）	0.29	0.4	0.23	0.27	0.28
室外面积（m²）	128038	24134	31388	38368	33327
广场面积（m²）	6211	1201	3782	343	884
道路面积（m²）	5338	0	1246	0	4092
乔木爬藤面积（m²）	7613	716	1448	2448	3002
其他绿地面积（m²）	57269	7707	13216	21987	14287
水面面积（m²）	0	0	0	0	0
渗透型硬地面积（m²）	18206	4135	5813	343	7915
地表平均太阳辐射吸收系数	0.79	0.79	0.78	0.8	0.78
地面粗糙系数	0.22	0.22	0.22	0.22	0.22
平均迎风面积比	0.86	0.93	0.84	0.87	0.81
绿化遮阳覆盖率	0.06	0.03	0.05	0.06	0.09

注：室外面积＝广场面积＋道路面积＋绿地面积＋水面面积＋乔木爬藤面积＋渗透型硬地面积。下垫层部分面积出现叠加，各参数叠加会有一定的误差。各参数与公式验算的关系详见附录 E 绿色建筑相关国家标准要求中 E2 热环境相关要求。

各区域验算热岛结果 表 4-12

位置	A 区	B 区	C 区	D 区	E 区
平均温度（℃）	34.42	35.06	34.99	34.33	33.98
平均热岛强度（℃）	2.48	2.83	3.49	3.56	2.92

案例各区域热岛对比 表 4-13

位置		A 区	B 区	C 区	D 区	E 区
平均温度（℃）	模拟值	34.92	34.94	34.92	34.92	34.93
	验算值	34.42	35.06	34.99	34.33	33.98
平均热岛强度（℃）	模拟值	3.42	3.44	3.42	3.42	3.43
	验算值	2.48	2.83	3.49	3.56	2.92

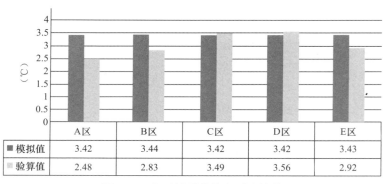

图 4-18　各区域平均热岛对比结果

4.4　分析案例 3：温州大学城（局部）

4.4.1　案例概况

本案例位于温州市瓯海区，在金丽温与甬台高速的出口，交通便利，环境优美，地势平坦。案例西侧为沈海高速公路，东侧为高新路，东西向横穿地块为茶白路。本案例主要有教学、科研、宿舍、食堂等功能建筑等。

由于案例为教学建筑的特殊性，该建筑使用时间主要处于春秋过渡季节，而冬夏两季节使用时间相对较短，所以案例建筑是否拥有一个良好的自然通风条件，对建筑节能起着重要的作用。案例模型如图 4-19 所示

4.4.2　计算区域及几何模型

1. 模拟计算区域

计算区域呈正方形，取建筑群高度为特征高度 H，建筑群东西方向长度为特征长度 L，进风入口距建筑群为 $5L$，建筑群距出口方向为 $5L$，计算域高度为 $5H$。建筑群距计算域两侧边界为 $5L$，计算区域如图 4-20 所示。

2. 面网格模型

本案例面网格尺寸详见表 4-14 所列，模型如图 4-21 所示。

图 4-19　案例模型图

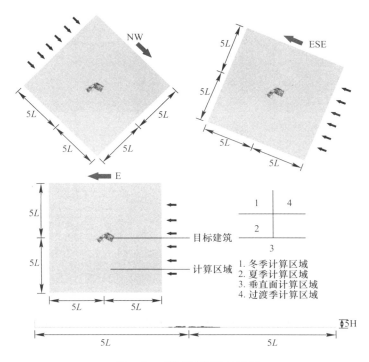

图 4-20　模拟计算区示意图

面网格尺寸设置		表 4-14
区域	网格最小尺寸（m）	网格目标尺寸（m）
目标建筑群	1.5	3.0
加密区域一	5.0	5.0
加密区域二	8.0	8.0
其他	15	25

3. 体网格模型

体网格采用多面体网格，在建筑群与地表设置边界层网格，边界层总厚度为 2.0m，层数为 6 层，增长率为 1.2；对案例建筑进行空间加密，设置加密区域一（加密尺寸为 5.0m）和加密区域二（加密尺寸为 8.0m），如图 4-21 所示。

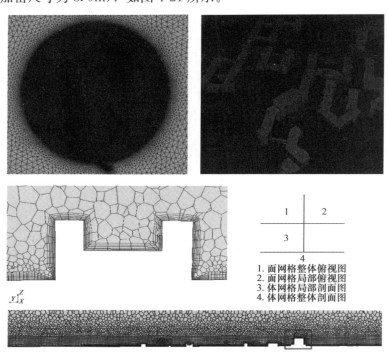

1. 面网格整体俯视图
2. 面网格局部俯视图
3. 体网格局部剖面图
4. 体网格整体剖面图

图 4-21　面网格和体网格模型示意图

4.4.3　模拟结果

根据 3.2.4 节和 4.4.2 节提及的边界条件设定方法，输入本案例有类数据，计算收敛后得出图 4-22～图 4-24 所示。

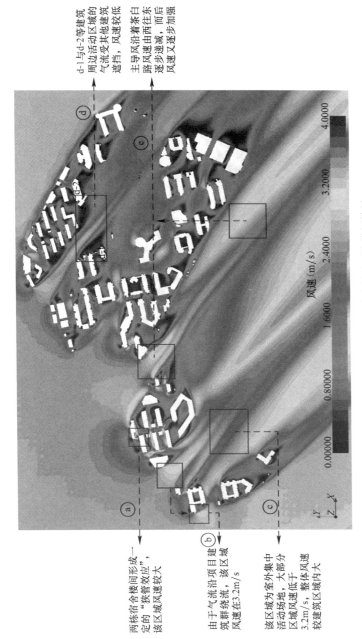

两栋宿舍楼间形成一定的"狭管效应"，该区域风速较大

由于气流沿建筑群绕流，该区域风速在3.2m/s

该区域为室外集中活动场地，大部分区域风速低于3.2m/s，整体风速较建筑区域内大

d-1与d-2等建筑周边活动区域的气流受其他建筑遮挡，风速较低

主导风沿着茶白路风速由西往东逐步递减，而后风速又逐步加强

风速（m/s）

0.00000　0.80000　1.6000　2.4000　3.2000　4.0000

图 4-22　典型气象年冬季建筑风环境模拟结果

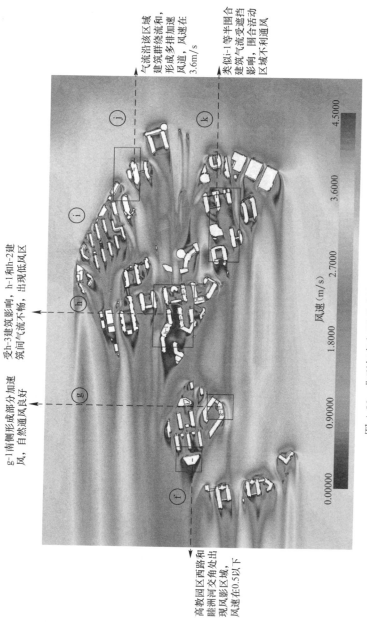

气流沿该区域建筑群绕流和，形成多排加速，风速在3.6m/s

类似i-1等半围合建筑气流受遮挡影响，围合活动区域不利通风

受h-3建筑影响，h-1和h-2建筑间气流不畅，出现低风区

g-1南侧形成部分加速风，自然通风良好

高教园区西路和睦洲河交角处出现风影区域，风速在0.5以下

风速（m/s）

0.00000 0.90000 1.8000 2.7000 3.6000 4.5000

图4-23 典型气象年夏季建筑风环境模拟结果

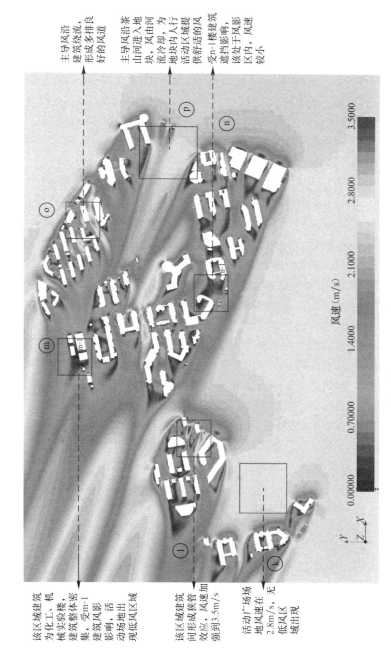

主导风沿建筑绕流，形成多排良好的风道

主导风沿茶山河进入地块，风由河流冷却，为地块内人行活动区域提供舒适的风

受n-1楼建筑遮挡影响，该处于风影区内，风速较小

该区域建筑为化工、机械实验楼，建筑整体密集，受m-1建筑风影影响，活动场地出现低风区域

该区域建筑间形成狭管效应，风速加强到3.5m/s

活动广场场地风速在2.8m/s，无低风区域出现

风速（m/s）

0.00000　0.70000　1.4000　2.1000　2.8000　3.5000

图4-24　典型气象年过渡季建筑风环境模拟结果

4.4.4 模拟结果分析

1. 根据《绿色建筑评价标准》(GB/T 50378) 标准评价分析

冬季工况下，场地内冬季风速最大为 4.0m/s，行人区风速均小于 5m/s，模拟结果如图 4-22 所示，案例建筑主导风上风向建筑密度相对较大，冬季寒风建筑遮挡明显，下风向大部分场地风速较小，对行人活动影响小；但迎风第一排建筑附近和茶山河、白茶路、睦州河等区域形成一定的加速风道（以上区域均已密植绿化，缓解冬季防风问题）。

夏季工况下，地块大部分活动场地整体气流通畅，自然通风良好，例如 g、j、k 等 3 个区域均形成一定的加速风道，特别是在 j 区域形成狭管效应，出现明显的加速气流；但在半围合建筑的围合区域自然通风较差，且对建筑立面自然通风遮挡较大，不利夏季建筑形成穿堂风。如 n、m 等区域风速较低。典型气象年夏季建筑风环境模拟结果如图 4-23 所示。

过渡季工况下，整体自然通风类似夏季风况，在大部分的人行活动场地具备良好的通风条件，但在多数的半围合建筑区域风速较低，不利于过渡季节自然通风。典型气象年过渡季建筑风环境模拟结果如图 4-24 所示。

综上，温州大学城建筑以条形与半围合式建筑组成，西北侧建筑密度相对较密集。案例建筑利于冬季防风，但半围合的建筑不利夏季和过渡季节自然通风。该案例为教育建筑，主要运行在春秋过渡季节，而半围合式建筑不利于自然通风，不能有效节约建筑能耗。

风环境指标评价：

(1) 本地块建筑物周围人行区 1.5m 高度处风速均低于 5m/s，风环境满足《绿色建筑评价标准》(GB/T 50378—2006) 中 4.1.13 和 5.17 两款条文，也满足 GB/T 50378—2014 4.2.6 条文。

(2) 特征描述：案例建筑利于冬季防风，但半围合的建筑不利夏季和过渡季节自然通风。案例特征详见表 4-15 案例特征描述。

案例特征描述

表 **4-15**

特征分析	判定	导致影响
建筑群朝向规律	√	有利
区间道路宽敞	√	有利
自然河道通过建筑群	√	有利
前后建筑物的间距良好	√	有利
建筑高差迎合主导风向的季节变化	√	有利
无高风速区域	√	有利
风速由上风向向下风向均匀的递减	√	有利
住宅建筑净密度大的组团布置在冬季主导风向的上风向	—	—
住宅建筑净密度大的组团布置在夏季主导风向的下风向	—	—
开敞型院落组团的开口不朝向冬季主导风向	√	有利
居住区围墙应能通风，围墙的可通风面积率＞40%	—	—
居住区结合景观设施引导活动空间的空气流动或防止风速过高	—	—
居住区夏季户外活动场地有遮阳，遮阳覆盖率≥表4-	—	—

注：符合为"√"，不符合为"×"，无此内容为"—"

2. 热环境结果分析——基于《城市居住区热环境设计标准》JGJ 286—2013 标准对仿真模拟结果进行验证计算

本次主要对温州大学城进行分块计算，分成 A、B、C、D、E、F 六大块进行计算验证，如图 4-25 所示。

1）仿真模拟结果如图 4-26 所示，模拟结果分析如下：

图 4-25　温州大学城分块示意图

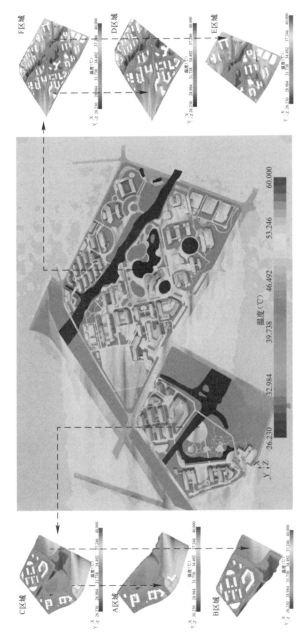

图 4-26 典型气象年夏季外表面及距地 1.5m 处热环境模拟结果

场内建筑群朝向规律，气流可顺利通过建筑群，自然河道贯穿本地块场地，绿化良好，距地1.5m人行高度处场地热环境舒适性较为理想。

各分块热岛强度见表4-16所列。

综上，本地块建筑物周围人行区1.5m高度处气温，D区平均热岛强度最大为3.37℃，F区平均热岛强度最小为3.24℃，热环境不满足《绿色建筑评价标准》（GB/T 50378—2006）中4.1.12条。

各分块仿真热岛强度　　　　　　　　表 4-16

位置	A区	B区	C区	D区	E区	F区
平均温度（℃）	34.79	34.74	34.84	34.85	34.83	34.87
平均热岛强度（℃）	3.29	3.24	3.34	3.35	3.33	3.37

2）根据《城市居住区热环境设计标准》（JGJ 286—2013）验证计算时间为典型气象年7月21日下午2时，验算数据主要包括：下午2时居住区设计的空气温度对应下的空气相对湿度、气象日空气干球温度、地表入射太阳辐射照度、地表反射的短波辐射照度、典型气象日水平总辐射和散射照度、建筑阴影率、平均天空角系数、平均太阳辐射吸收系数和场地下垫层面积等数据，下垫层面积详见表4-17所列。

各区域下垫层面积相关指标　　　　　　　　表 4-17

	A区	B区	C区	D区	E区	F区
地块面积（m²）	172997	160075	333072	360675	314560	675340
建筑密度（m²）	0.06	0.12	0.09	0.17	0.17	0.16
室外面积（m²）	162554	141262	303816	300536	261213	567188
广场面积（m²）	6790	5888	12678	12469	39153	51622
道路面积（m²）	0	7190	0	18834	16288	35122
绿地面积（m²）	90702	60378	151074	87825	86782	174607
水面面积（m²）	10682	39554	50286	10445	733	11178
乔木爬藤面积（m²）	15660	6586	22246	30290	17091	47381
渗透型硬地面积（m²）	41884	8820	49815	17088	45087	62176

续表

	A区	B区	C区	D区	E区	F区
地表平均太阳辐射吸收系数	0.81	0.85	0.83	0.79	0.78	0.78
地面粗糙系数	0.22	0.22	0.22	0.22	0.22	0.22
平均迎风面积比	0.81	0.83	0.82	0.85	0.82	0.83
绿化遮阳覆盖率	0.1	0.05	0.07	0.1	0.07	0.08

注：室外面积＝广场面积＋道路面积＋绿地面积＋水面面积＋乔木爬藤面积＋渗透型硬地面积。下垫层部分面积出现叠加，各参数叠加会有一定的误差。各参数与公式验算的关系详见附录 E 绿色建筑相关国家标准要求中 E2 热环境相关要求。

经查阅相关标准资料及计算（计算方法详见附录 E 绿色建筑相关国家标准要求中 E2 热环境相关要求），得出验算结果见表 4-18。

各区域验算热岛结果 表 4-18

位置	A区	B区	C区	D区	E区
平均温度（℃）	37.27	37.3	37.35	36.7	37.76
平均热岛强度（℃）	5.77	5.80	5.85	5.20	6.26

3）对比数据见表 4-19、图 4-27 所示。

案例各区域热岛对比 表 4-19

位置		A区	B区	C区	D区	E区	F区
平均温度（℃）	模拟值	34.79	34.74	34.84	34.85	34.83	34.87
	验算值	37.27	37.3	37.35	36.7	37.76	37.23
平均热岛强度（℃）	模拟值	3.29	3.24	3.34	3.35	3.33	3.37
	验算值	5.77	5.80	5.85	5.20	6.26	5.73

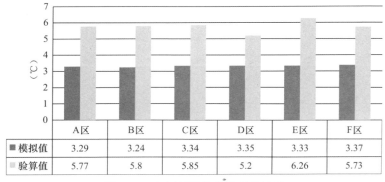

图 4-27　各区域平均热岛对比结果

4) 小结：

（1）模拟结果中 F 区域平均热岛强度最大为 3.37℃，最小热岛强度为 3.24℃，整体平均热岛强度在 3.32℃。

（2）验算结果中 D 区域平均热岛强度最大为 6.26℃，最小热岛强度为 5.2℃，整体平均热岛强度在 5.76℃。

（3）验算结果比模拟结果的平均热岛强度平均值大 2.45℃，其中 E 区平均热岛强度相差最大为 2.93℃，D 区热岛强度相差最小 1.85℃。

4.5 风、热环境分析小结

4.5.1 地块风环境的小结

建筑布局所形成的风环境差异性较大，本章列举 3 种代表性较强的案例，分别为基本无现有建筑的住宅区、周边为现有建筑围绕的住宅区、教育建筑，建筑层数分别为小高层、高层、多层，服务人群为普通居民、学生，使用时间为全年、春秋过渡季节等。

由模拟分析可知：在冬季、夏季、过渡季 3 种工况下，3 个案例的风环境因所处周边环境、建筑布局等不同，显现出风环境结果的差异，详见表 4-20 所列。

风环境小结

表 4-20

项目	地貌特征	原始场地情况	总平布局	功能用途	设计后的风环境结果的差异
瑶溪住宅区	详见各案例特征描述	场地处于城市郊区地带，拥有良好的自然通风条件	地块为矩形，布局规律，建筑布局为行列式布置	主要为 10～12 层居住建筑，兼部分配套建筑	建筑合理布局，重新梳理风环境，基本不削弱原有的风环境；但部分街道冬季仍然出现加速风道，影响行人舒适性
温州某商业用地		周边有较多现有建筑，地块自然利于冬季防风，不利夏季及过渡节自然通风	中间高四周低的状态，以周边式布局为主	中部以 25～32 层，四周为多层居住建筑	住区内部冬季防风有所改善，但夏季和过渡季自然通风依然较差；街区冬季防风和夏季自然通风均被恶化

续表

项目	地貌特征	原始场地情况	总平布局	功能用途	设计后的风环境结果的差异
温州大学城	详见各案例特征描述	场地处于城市郊区地带,拥有良好的自然通风条件	地块为不规则多边形,建筑布局为自由式为主,行列式为辅	主要为3~7层教育建筑,兼配套宿舍建筑	整体通风环境良好,不削弱原有的风环境,但部分区域(采用半围合建筑)的风环境较差

4.5.2 热环境分析的小结

1)建筑方案热环境2种的计算方法得出结果进行对比分析,如图4-28所示:

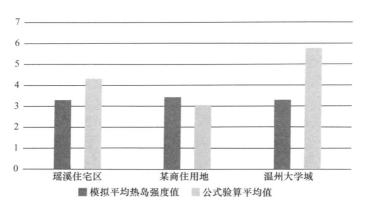

图 4-28 仿真与验算结果平均热岛强度平均值

仿真结果与标准验算结果显示,温州大学整体平均热岛强度最大,温州某商住用地平均热岛强度最小。

整体平均热岛强度数据验算结果较仿真结果大,差值在0.37~2.45℃,其中温州大学城差值最大,温州某商住用地差值最小。

2)不同计算方法存在差异性的主要原因:

(1)地块与地块之间存在个体差异。例如温州某商住用地与其他两者地块的主要差异在于水体、绿化、硬质地面等等。

(2)仿真模拟与公式验算的计算模型存在出入。2种计算方法均对分析模型进行简化处理。

(3)验算中各参数(迎风面积比、绿化、渗透型硬地、遮阳覆盖率）均为简化值。举例：迎风面积比其概念为迎风面积与最大可能迎风面积之比，该计算值为经验简化值，一栋建筑对应一个风向只有一个迎风面积比；但模拟仿真情况下，每栋建筑在不同环境下会产生不一样的迎风面积比。

（4）仿真模拟与公式验算的计算方法不同。仿真模拟是先计算典型气象年夏季大暑日平均辐射量（太阳辐射量取该天 8～18 点时间段太阳辐射量平均值），再导入软件进行稳态计算，得出结果；公式验算是先计算 8～18 点时间段里各时间段的热岛强度，再取强度平均值。

4.5.3 总结

（1）风环境分析需针对地块特征进行分析，可从地块的地形特征、功能用途、建筑布局、人群活动区域等方面着手。

（2）仿真模拟计算按真实地形 1:1 建立，确保模拟计算可收敛，模拟分别对建筑、地形稍作简化，保留建筑及有特征的下垫层（如草地，马路，水泥地面，河道，透水路面等），表面模拟结果的温度采用平均值。

建筑热环境仿真模拟结果与公式验算结果较为吻合，初步印证仿真模拟得出的大气风速场、风压场和温度场能够基本的反映实际情况。由此可知，本章节仿真模拟计算的边界和计算方法可行性较高。

4.6　分析案例 4：概念设计阶段基于风环境模拟优化的设计研究

4.6.1 分析概述

风对于建筑室内外环境和人员舒适度都有重要的影响，自然通风也是一个常见的被动式节能手段。对建筑不同体量组合下的室内外风环境进行模拟，分析室外风场存在的问题，进而提出相应的修改策略，最终得到利于建筑自然通风的设计方案（根据浙江省《民用建筑项目节能评估技术导则（试行）》7.5.2 条文第 6 款："75% 以上的板式建筑前后压差在夏季保持 1.5Pa 左右。避免出现局部涡涡和死角，保证室内有效的自然通风。"）。本案例采用 CFD 模拟计算，可以直观地看到建筑室外风场分布，便于建筑师在方案阶段及时发现问题，有针对性地完善设计。

本案例分析以温州市龙湾区某小学为分析目标，地块东面为规划道路，南面为街头绿地，西面为规划用地，北面为已建道路。主要为多层建筑，包括教学实验楼，行政办公楼，综合楼。

4.6.2　分析思路和步骤

分析思路如图 4-29 所示。

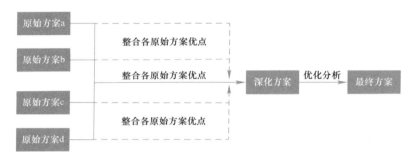

图 4-29　建筑分析思路

分析步骤：

（1）建筑师提出可行性较高的 4 个原始布局方案，通过 CFD 仿真模拟，分析布局方案的室外风环境、室内自然通风等相关建筑物理参数。

（2）分析 4 个原始布局方案室外风环境、室内自然通风方面的优缺点。

（3）整合原始布局方案的优点并再度分析，得出深化方案。

（4）对深化方案进行模拟计算，提出问题，并调整深化方案，得出优化方案。

（5）验算优化方案，最后提出在工程设计中需要注意的事宜。

4.6.3　分析内容

1. 原始方案模拟结果

根据 3.2.4 节提及的边界条件设定方法，输入本案例有关数据，计算收敛后得出图 4-30。

原始方案二

原始方案一

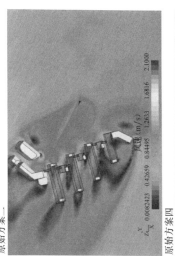

原始方案四

原始方案三

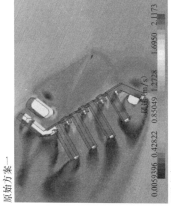

图 4-30　原始方案风环境模拟结果

2. 原始方案结果分析

1）原始方案结果

对模拟结果数值进行整理归纳，如图 4-31 所示。

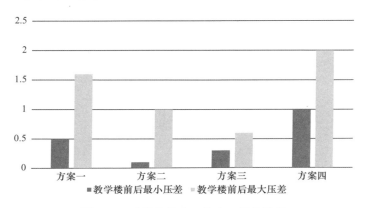

图 4-31　建筑物最大（最小）压差结果

方案二与方案三建筑物前后压差小于 1.5Pa，不满足浙江省《民用建筑项目节能评估技术导则（试行）》要求（表 4-21）。

建筑表面风压、风速结果　　　　　　　　表 4-21

	方案一	方案二	方案三	方案四
教学楼外表面最大正压（Pa）	1.86	1.83	2.1	4.1
教学楼外表面最小负压（Pa）	−5.65	−4.9	−2.4	−10.4
教学楼迎风面风压（Pa）	0.2~0.69	0.2~0.4	0.1	0.4~0.77
教学楼背风面风压（Pa）	1.0~0.3	0.6~−0.2	0.5~−0.2	1.5~−0.7
教学楼迎风面最大风速（m/s）	2.63	2.8	1.82	3.70
教学楼迎风面风速（m/s）	1.0~1.4	1.2~1.6	0.9~1.4	1.5~1.8

2）原始方案结果分析

建筑物自然通风情况方案四较其余 3 个方案更优。

外场环境，方案四气流组织最佳，气流均匀通畅；方案一加速气流不均匀；方案三无明显的无风区，但加速区域面积较小；方案二内有明显的无风区。

内场环境，方案一和方案四室内均可形成穿堂风，而方案四穿堂风效果优于方案一；方案二和方案三受其他建筑影响较大，室内自然通风较一般。各方案结果分析详见表 4-22 所列。

原始方案结果分析 表 4-22

	优点	缺点
方案一	场内气流整体通畅，教学楼底部架空形成多排加速区域；受建筑阴影影响较小	架空加速区域气流波动较大，低风速区面积较多
	由于教学楼建筑与主导风向夹角为 53°，建筑有效迎风面积最大化，75% 以上区域能有效的形成良好的穿堂风	
方案二	架空加速区域气流均匀	教学建筑场地内有明显的无风区
		教学建筑迎风侧受其他建筑遮挡，建筑室内自然通风一般
方案三	教学建筑间距较其他方案大，气流干扰线较小，场地气流通畅，架空加速区域气流均匀	方案东南侧建筑密集，通往教学建筑的气流受到明显遮挡，自然通风情况较差
方案四	场地加速区域面积较大，且气流均匀。同时场内风影面积较小	场地外侧受建筑风影影响较大
	建筑有效迎风面积最大化（教学楼建筑与主导风向夹角为 22.5°），合理的建筑间距，受上风向障碍物干扰影响最小（连廊位于下风区），建筑主要功能（教学楼）室内可形成良好的穿堂风	

3. 深化方案

通过原始方案分析，借鉴各方案的优缺点，得出深化方案（图 4-32）。

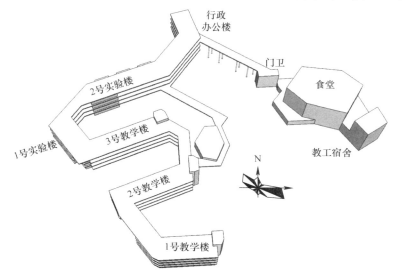

图 4-32 深化方案总平面布局图

4. 深化方案模拟结果

根据3.2.4节提及的边界条件设定方法，输入本案例有关数据，计算收敛后得出图4-33。

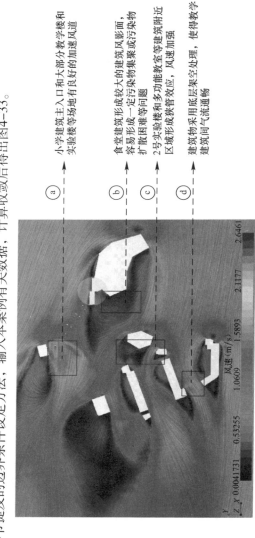

ⓐ → 小学建筑主入口和大部分教学楼和实验楼等场地有良好的加速风道

ⓑ → 食堂建筑形成较大的建筑风影面，容易形成一定污染物集聚或污染物扩散困难等问题

ⓒ → 2号实验楼和多功能教室等建筑附近区域形成狭管效应，风速加强

ⓓ → 建筑物采用底层架空处理，使得教学建筑间气流通畅

图4-33　深化方案风环境模拟结果

5. 深化方案结果分析

场地平均风速在 1.5m/s 左右，人行区域整体舒适性良好。小学建筑的主入口为主要人员集聚区域，在该区域营造良好的自然通风环境，利于增加该区域风环境舒适性。教学建筑间采用架空连廊方式，将连廊置于建筑的下风向，减少过渡季主导风向受遮挡减弱，利于建筑物形成自然通风。

食堂建筑因体形较大，其风影对下风向场地有一定的覆盖，形成一定的污染集聚。

建筑物外表面压差如图 4-34 所示。

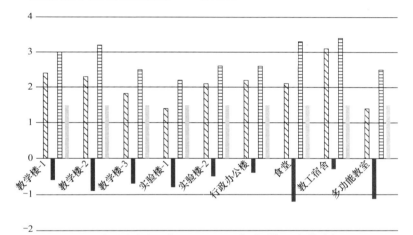

图 4-34　深化方案表面压差图

从结果可知：案例建筑前后压差在 1.6～2.0Pa 区间上，满足建筑物外表面前后压差均大于 1.5Pa 要求，方案建筑室内具备形成穿堂风条件。

6. 深化方案改善措施

（1）食堂与门卫交接处建议采用架空，减小食堂产生的风影面积。

（2）考虑个别建筑表面压差接近 1.5Pa，实际使用过程中气流通道可能受其他原因遮挡影响，可导致室内自然通风变差，建议加大教学楼两侧开窗面积，改善教学室内通风环境（如图 4-35）。

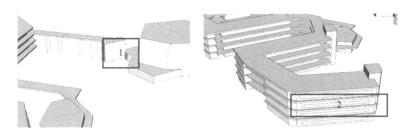

图 4-35　改善方案示意图

7. 最终方案

根据改善措施意见对深化方案进行优化设计，保证方案自然通风环境舒适性，形成优化后的最终方案（图 4-36）。

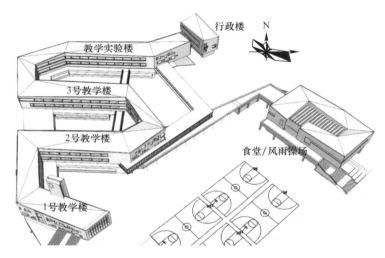

图 4-36　最终方案总平面布局图

8. 最终方案模拟结果

根据 3.2.4 节提及的边界条件设定方法，输入本案例有关数据，计算收敛后得出图 4-37。

9. 最终方案结果分析

采用优化措施后，食堂建筑形成的建筑风影区明显减少，有效解决了污染物集聚问题。场地优化后的室外风场更加均匀，风环境

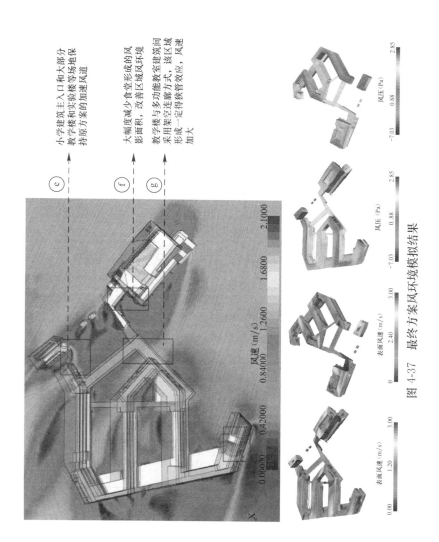

ⓔ 小学建筑主入口和大部分
教学楼和实验楼等场地保
持原方案的加速场风道

ⓕ 大幅度减少食堂形成的风
影面积，改善区域风环境

ⓖ 教学楼与多功能教室建筑间
采用架空连廊方式，该区域
形成一定得狭管效应，风速
加大

图 4-37 最终方案风环境模拟结果

舒适性区域面积所占比例增加；外风场的平均风速从优化前 1.3m/s 到优化后方案的 1.5m/s 转变，优化后的建筑室外风环境舒适性有明显的提升。

本案例通过加大建筑外廊的通风面积，减少对主导风的遮挡影响。优化后的前后压差分布在 1.6～2.4Pa 之间，较优化前的前后压差增大 0.5Pa 左右。最终方案外表面压差如图 4-38 所示。

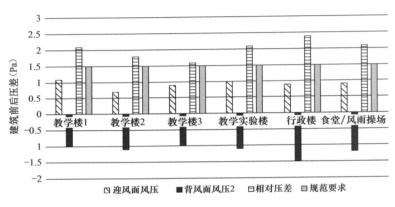

图 4-38　最终方案外表面压差图

4.6.4　分析结论

本案例的小学建筑通过整合、深化、优化等一系列措施，最终方案的整体自然通风情况良好，建筑场地气流通畅、均匀，室内主要功能房间可形成有效穿堂风。

当然通过一系列的优化后，方案仍然存在一些不足地方，如建筑同一表面风压不均，部分架空区域依然有小区域的低风区，有待施工图进一步优化完善。

4.6.5　注意事宜

从设计具备一定舒适性的生态建筑角度出发，冬夏两季的空调、采暖能耗不可避免，本工程着重考虑春秋过渡季节自然通风影响。

（1）通过方案对比、择优、整合、优化等方面的思考，建筑主朝向与主导风向夹角在 0°～90°区域内越大，则建筑越容易形成穿堂风。温州市春秋过渡季节主导风向为东南偏东，故建筑朝向南偏东角度越大，其与主导风向的夹角越大。另根据浙江省《公共建筑节能设计标准》《居住建筑节能设计标准》要求，建筑朝向宜采用南偏西 15°至南偏东 30°。综上所述，温州地区建筑主要朝向越接近南偏东 30°，通风效果越佳。

（2）建筑底层建议采用架空方式，部分连廊、次要房间等可进行挑空设计，最大程度提升区域内风环境舒适性。

（3）建议本地区的教育建筑将主要功能区域放置在该建筑南侧或主导风上风区，将次要功能区域放置北侧或下风区，利于提高建筑主要功能房间形成有效穿堂风。

附录 A 重庆市关于建筑物理环境分析边界条件的要求

以下内容摘录自《重庆市建设工程设计文件编制技术规定附录》的附录 G 建筑物理环境分析边界条件。

G.0.1 室外风环境分析

分析目标

通过风环境模拟，指导建筑在规划设计时合理布局建筑群，优化场地的夏季自然通风，避开冬季主导风向的不利影响。实际工程中需采用可靠的计算机模拟程序，合理确定边界条件，基于各个季节典型的风向和风速进行建筑风环境模拟，并达到下列任意一款或多款的要求：

1 夏季、过渡季、冬季典型风速和风向条件下，场地内人活动区风速低于 5m/s。

2 过渡季、夏季典型风速和风向条件下，场地内人活动区不出现涡旋或无风区。

3 过渡季、夏季典型风速和风向条件下，50%以上建筑的可开启外窗表面的风压差大于 0.5Pa。

模拟技术规定：

1 模拟软件：可采用商业版或研究版 CFD 软件。

2 气象条件：根据当地气象条件针对夏季、过渡季和冬季最多风向条件下，平均风速进行室外通风模拟。若无当地气象数据，建议采用《中国建筑热环境分析专用气象数据集》中逐时气象数据进行统计得到。

3 建筑模型：根据项目规划红线图建立地形、目标建筑及其周边有影响的建筑模型，目标建筑的边界应以最大的细节要求再现。

4 计算区域：以模型边界为基准水平向外扩大计算区域，要求来风方向不小于 5H，下风向不小于 6H，其他方向不小于 4H。计算区域高度不小于 4H。H 为分析模型整体高度（含地形）。

5 网格划分：建筑的每一边人行区 1.5m 高度应划分 10 个网格或以上；重点观测区域要在地面以上第三个网格和更高的网格以内。建筑周围及重点考察区域网格应进行加密处理。

6 计算模型：湍流模型建议采用基于雷诺时间平均方程的 $k\text{-}\varepsilon$ 模型或者 $SSTk\text{-}\omega$ 模型，进行稳态计算。

7 边界条件：风速入口根据项目实际情况给定室外梯度风分布，如指数分布定律。有可能的情况下入口的 k、ε 或者 ω 也应采用分布参数进行定义。对于未考虑粗糙度的情况，采用指数关系式修正粗糙度带来的影响；对于实际建筑的几何再现，应采用适应实际地面条件的边界条件；特别是针对城市较高密度建筑区域内需考虑地面周边建筑和其他粗糙物带来的影响，设定合适的地面粗糙度。对于光滑壁面应采用对数定律。

8 数值计算收敛条件：避免采用一阶差分格式。计算应在求解充分收敛的情况下停止，即确定连续性方程或者指定观察点均方根残差小于 0.01%。

9 模拟结果：距地 1.5m 处风速云图、风速矢量图、风速放大系数云图，以及建筑外表面压力分布云图。

G.0.2 室外热环境模拟

分析目标：

通过建筑室外热岛模拟，可了解建筑室外热环境分布状况，是建筑室外微环境舒适程度的判断基础，并进一步指导建筑设计和景观布局等，优化规划、建筑、景观方案，提高室外舒适程度并降低建筑能耗，减少建筑能耗碳排放。实际工程中需采用可靠的计算机模拟程序，合理确定边界条件，基于典型气象条件进行建筑室外热环境模拟，达到降低室外热岛强度的目的。

输入条件：

为保证模拟结果的准确性。具体要求如下：

1 气象条件：模拟气象条件可参照《城市居住区热环境设计标准》选取，值得注意的是，气象条件需涵盖太阳辐射强度和天空云量等参数以供太阳辐射模拟计算使用。

2 风环境模拟：建筑室外热岛模拟建立在建筑室外风环境模拟的基础上，求解建筑室外各种热过程从而实现建筑室外热岛强度计算，因而，建筑室外风环境模拟结果直接影响热岛强度计算结果。建筑室外热岛模拟需满足建筑室外风环境模拟的要求，包括计算区域、模型再现区域、网格划分要求、入口边界条件、地面边界条件、计算规则与收敛性、差分格式、湍流模型等。

3 太阳辐射模拟：建筑室外热岛模拟中，建筑表面及下垫面太阳辐射模拟是重要模拟环节，也是室外热岛强度的重要影响因素。太阳辐射模拟需考虑太阳直射辐射、太阳散射辐射，各表面间多次反射辐射和长波辐射等。实际应用中需采用适当的模拟软件，若所采用软件中对多次反射部分的辐射计算或散射计算等因素未加以考虑，需对模拟结果进行修正，以满足模拟计算精度要求。

4 下垫面及建筑表面参数设定：对于建筑各表面和下垫面，需对材料物性和反射率、渗透率、蒸发率等参数进行设定，以准确计算太阳辐射和建筑表面积下垫面传热过程。

5 景观要素参数设定：建筑室外热环境中，植物水体等景观要素对模拟结果的影响重大，需要模拟中进行相关设定。对于植物，可根据多孔介质理论模拟植物对风环境的影响作用，并根据植物热平衡计算，根据辐射计算结果和植物蒸发速率等数据，计算植物对热环境的影响作用，从而完整体现植物对建筑室外微环境的影响。对于水体，分静止水面和喷泉，应进行不同设定。工程应用中可对以上设定进行适当简化。

输出结果：

建筑室外热岛强度模拟，可得到建筑室外温度分布情况，从而给出建筑室外平均热岛强度计算结果，以此辅助建筑景观设计。然而，为验证模拟准确性，同时应提供各表面的太阳辐射累计量模拟结果，建筑表面及下垫面的表面温度计算结果，建筑室外风环境模拟结果等。

附录 B   北京市与陕西省关于模拟软件边界条件的要求

以下内容摘录自陕西省工程建设标准《居住建筑绿色设计标准》（DBJ61/T 81—2014）的附录 D 模拟软件边界条件与北京市地方标准《绿色建筑设计标准》（DB 11/938—2012）的附录 C 模拟软件边界条件。

北京市地方标准《绿色建筑设计标准》

C.0.1   室外风环境模拟

模拟目标：

通过风环境模拟，指导建筑在规划时合理布局建筑群，优化场地的夏季自然通风，避开冬季主导风向的不利影响。实际工程中需采用可靠的计算机模拟程序，合理确定边界条件，基于典型的风向、风速进行建筑风环境模拟，并达到下列要求：

1   在建筑物周围行人区 1.5m 处风速小于 5m/s；

2   冬季风速放大系数低于 2；

输入条件[①]：建议参考 COST（欧洲科技研究领域合作组织）和 AIJ（日本建筑学会）风工程研究小组的研究成果进行模拟，以保证模拟结果的准确性。本标准中采用 AIJ（日本建筑学会）风工程研究小组的模拟成果。

为保证模拟结果的准确性。具体要求如下：

1   计算区域：建筑覆盖区域小于整个计算域面积 3%；以目标建筑为中心，半径 5H 范围内为水平计算域。建筑上方计算区域要大于 3H，H 为建筑主体高度。

2   模型再现区域：目标建筑边界 H 范围内应以最大的细节要求再现。

---

① AIJ（日本建筑学会）风工程研究小组的研究成果。

3　网格划分：建筑的每一边人行区 1.5m 或 2m 高度应划分 10 个网格或以上；重点观测区域要在地面以上第三个网格和更高的网格以内。

4　入口边界条件：给定入口风速的分布 U（梯度风）进行模拟计算，有可能的情况下入口的 k、ε 也应采用分布参数进行定义。

$$U(z) = U_s \left(\frac{z}{z_s} \right)^{\alpha} \tag{C.0.1-1}$$

$$I(z) = \frac{\sigma_u(z)}{U(z)} = 0.1 \left(\frac{z}{z_G} \right)^{(-\alpha-0.05)} \tag{C.0.1-2}$$

$$\frac{\sigma_u^2(z) + \sigma_v^2(z) + \sigma_w^2(z)}{2} \cong \sigma_u^2(z) = (I(z)U(z))^2 \tag{C.0.1-3}$$

$$\varepsilon(z) \cong P_k(z) \cong -\overline{uw}(z) \frac{dU(z)}{dz} \cong C_t^{1/2} k(z) \frac{dU(z)}{dz}$$
$$= C_t^{1/2} k(z) \frac{U_s}{z_s} \alpha \left(\frac{z}{z_s} \right)^{(\alpha-1)} \tag{C.0.1-4}$$

5　地面边界条件：对于未考虑粗糙度的情况，采用指数关系式修正粗糙度带来的影响；对于实际建筑的几何再现，应采用适应实际地面条件的边界条件；对于光滑壁面应采用对数定律。

6　计算规则与空间描述：注意在高层建筑的尾流区会出现周期性的非稳态波动。此波动本质不同于湍流，不可用稳态计算求解。

7　计算收敛性：计算要在求解充分收敛的情况下停止，确定指定观察点的值不再变化或均方根残差小于 10E－4。

8　湍流模型：建议在计算精度不高且只关注 1.5m 高度流场可采用标准 k-ε 模型。计算建筑物表面风压系数避免采用标准 k-ε 模型，最好能用各向异性湍流模型，如改进 k-ε 模型等。

9　差分格式：避免采用一阶差分格式。

输出结果：

1）在建筑物周围行人区 1.5m 处风速。

2）冬季风速放大系数，要求风速放大系数不高于 2。

陕西省工程建设标准《居住建筑绿色设计标准》

D.0.1 室外热岛模拟

模拟目标:

通过建筑室外热岛模拟,可了解建筑室外热环境分布状况,是建筑室外微环境舒适程度的判断基础,并进一步指导建筑设计和景观布局等,优化规划、建筑、景观方案,提高室外舒适程度并降低建筑能耗,减少建筑能耗碳排放。实际工程中需采用可靠的计算机模拟程序,合理确定边界条件,基于典型气象条件进行建筑室外热环境模拟,达到降低室外热岛强度的目的。

输入条件:

为保证模拟结果的准确性。具体要求如下:

1 气象条件:模拟气象条件可参照《中国建筑热环境分析专用气象数据集》选取,值得注意的是,气象条件需涵盖太阳辐射强度和天空云量等参数以供太阳辐射模拟计算使用。

2 风环境模拟:建筑室外热岛模拟建立在建筑室外风环境模拟的基础上,求解建筑室外各种热过程从而实现建筑室外热岛强度计算,因而,建筑室外风环境模拟结果直接影响热岛强度计算结果。建筑室外热岛模拟需满足建筑室外风环境模拟的要求,包括计算区域、模型再现区域、网格划分要求、入口边界条件、地面边界条件、计算规则与收敛性、差分格式、湍流模型等。

3 太阳辐射模拟:建筑室外热岛模拟中,建筑表面及下垫面太阳辐射模拟是重要模拟环节,也是室外热岛强度的重要影响因素。太阳辐射模拟需考虑太阳直射辐射、太阳散射辐射,各表面间多次反射辐射和长波辐射等。实际应用中需采用适当的模拟软件,若所采用软件中对多次反射部分的辐射计算或散射计算等因素未加以考虑,需对模拟结果进行修正,以满足模拟计算精度要求。

4 下垫面及建筑表面参数设定:对于建筑各表面和下垫面,需对材料物性和反射率、渗透率、蒸发率等参数进行设定,以准确计算太阳辐射和建筑表面积下垫面传热过程。

5 景观要素参数设定:建筑室外热环境中,植物水体等景观要素对模拟结果的影响重大,需要模拟中进行相关设定。对于植物,可根据多孔介质理论模拟植物对风环境的影响作用,并根据植物热平衡计算，根据辐射计算结果和植物蒸发速率等数据，计算植物对热环境的影响作用，从而完整体现植物对建筑室外微环境的影响。对于水体，分静止水面和喷泉，应进行不同设定。工程应用中可对以上设定进行适当简化。

输出结果：

建筑室外热岛强度模拟，可得到建筑室外温度分布情况，从而给出建筑室外平均热岛强度计算结果，以此辅助建筑景观设计。然而，为验证模拟准确性，同时应提供各表面的太阳辐射累计量模拟结果，建筑表面及下垫面的表面温度计算结果，建筑室外风环境模拟结果等。

附录 C　浙江省关于风环境与热环境节能评估的要求

以下内容摘录自浙江省《民用建筑项目节能评估技术导则（试行）》(2011 版) 的第 7 章节能评估要点与第 8 章节能评估文件编制格式。

7.5　风环境技术评估

7.5.1　基本要求

1. 建筑面积在 5 万平方米以上的居住建筑项目和需要编制节能评估报告书的公共建筑均应采用数值模拟进行风环境模拟；

2. 数值模拟需采用通过省建设主管部门组织的专家论证的专业风环境模拟软件；

3. 风环境评估模型需与设计模型一致，数值模拟采用的风速资料需为设计建筑所在城市的气象数据；

4. 需对冬季、夏季和过渡季节分别进行模拟。模拟结果需包括以下内容：建筑外表面压力图和风速图，距地 1.5m 处风速图、压力图。

5. 数据清晰，结论合理，符合生态节能要求。

评估要点

1　模拟的计算模型、初始条件、计算参数、计算结果说明详细准确，符合设计建筑。

——模型的计算区域：建筑覆盖区域小于整个计算区域面积 3%；以目标建筑为中心，半径 5H（建筑物高度）范围内为水平计算区域。建筑上方计算区域要大于 3H（建筑物高度）。

——模型再现区域：目标建筑边界 H（建筑物高度）范围内应以最大的细节要求再现。

——网格划分：根据建筑边长划分适当的网格，重点观测区域要在地面以上第三个网格和更高的网格内。

——边界条件：给定入口风速的分布（梯度风）进行模拟计算，有可能的情况下入口的 k/e（k 为紊流脉动动能，单位是焦耳。e 为紊流脉动动能的耗散率，单位是％）也应采用分布参数进行定义。

——地面边界条件：对于未考虑粗糙度的情况，采用指数关系式修正粗糙度带来的影响；对于实际建筑的几何再现，应采用适应实际地面条件的边界条件；对于光滑壁面，应采用对数定律。

2 建筑总平面设计有利于冬季日照并避开冬季主导风向，夏季利于自然通风。

3 人行及活动区域的风速放大系数不应大于 2。

4 在建筑物周围行人区 1.5m 高度的风速小于 5m/s。

5 建筑物前后压差在冬季不大于 5Pa。

6 75％以上的板式建筑前后压差在夏季保持 1.5Pa 左右。避免出现局部漩涡和死角，保证室内有效的自然通风。

7.6 热环境技术评估

7.6.1 基本要求

1. 建筑面积在 5 万 m^2 以上的居住建筑项目和需要编制节能评估报告书的公共建筑均应采用数值模拟进行热环境模拟。

2. 数值模拟需采用通过省建设主管部门组织的专家论证的专业热环境模拟软件。

3. 热环境评估模型需与设计模型一致，数值模拟采用的气象资料需为设计建筑所在城市的气象数据。

4. 需对夏季进行模拟。模拟结果需包括以下内容：建筑外表面温度图和距地 1.5m 处温度图等。

5. 数据清晰，结论合理，符合生态节能要求。

7.6.2 评估要点

1. 模拟的计算模型、初始条件、计算参数、计算结果说明详细准确，符合设计建筑；

——模型的计算区域：建筑覆盖区域小于整个计算区域面积 3％；以目标建筑为中心，半径 5H（建筑物高度）范围内为水平计算区域。建筑上方计算区域要大于 $3H$（建筑物高度）。

——模型再现区域：目标建筑边界 H（建筑物高度）范围内应以最大的细节要求再现。

——网格划分：根据建筑边长划分适当的网格，重点观测区域要在地面以上第 3 个网格和更高的网格内。

——边界条件：给定入口风速的分布（梯度风）进行模拟计算，有可能的情况下入口的 k/e（k 为紊流脉动动能，单位是焦耳。e 为紊流脉动动能的耗散率，单位是％）也应采用分布参数进行定义。针对不同季节，入口空气温度采用夏季通风计算温度，且应考虑建筑外表面设置设备的散热量。

——地面边界条件：对于未考虑粗糙度的情况，采用指数关系式修正粗糙度带来的影响；对于实际建筑的几何再现，应采用适应实际地面条件的边界条件；对于光滑壁面，应采用对数定律。

2. 建筑设计区域内距地 1.5m 处夏季平均温度控制在合理范围内，以降低热岛效应的影响。

8 节能评估文件编制格式

8.1.6 项目风环境与热环境分析

1 项目风环境分析

使用专用软件对整个建设项目场地内建筑（群），进行夏季、过渡季和冬季风环境模拟分析，提出优化建筑布局和遮风、导风、防风的指导性意见，为合理组织自然通风提供指导性意见。

风环境分析需对冬季、过渡季和夏季分别进行模拟，模拟结果需包括以下内容：建筑外表面压力图和风速图，距地 1.5m 处风速图，压力图等。

2 项目热环境分析

使用专用软件对整个建设项目场地内建筑（群），进行夏季热环境模拟分析，提出优化建筑布局、绿化方案的指导性意见。

热环境分析需对夏季进行模拟，模拟结果需包括以下内容：建筑外表面温度图和距地 1.5m 处温度图等。

附录 D　近年绿色建筑相关政策性文件

◆《建筑业发展"十二五"规划》

颁发部门：中华人民共和国住房和城乡建设部

主要条文：

发展目标。绿色建筑、绿色施工评价体系基本确立。

主要任务。推动建筑垃圾有效处理和再利用，控制建筑过程噪声、水污染，降低建筑物建造过程对环境的不良影响。开展绿色施工示范工程等节能减排技术集成项目试点，全面建立房屋建筑的绿色标识制度。

◆《关于加快推动我国绿色建筑发展的实施意见》财建〔2012〕167 号：

颁发部门：财政部　住房和城乡建设部

主要条文：

对高星级绿色建筑给予财政奖励。对经过上述审核、备案及公示程序，且满足相关标准要求的二星级及以上的绿色建筑给予奖励。2012 年奖励标准为：二星级绿色建筑 45 元/平方米（建筑面积，下同），三星级绿色建筑 80 元/平方米。奖励标准将根据技术进步、成本变化等情况进行调整。

支持绿色建筑规模化发展。中央财政对经审核满足上述条件的绿色生态城区给予资金定额补助。资金补助基准为 5000 万元，具体根据绿色生态城区规划建设水平、绿色建筑建设规模、评价等级、能力建设情况等因素综合核定。对规划建设水平高、建设规模大、能力建设突出的绿色生态城区，将相应调增补助额度。补助资金主要用于补贴绿色建筑建设增量成本及城区绿色生态规划、指标体系制定、绿色建筑评价标识及能效测评等相关支出。

◆《国务院办公厅关于转发发展改革委住房城乡建设部绿色建筑行动方案的通知》

颁发部门：国务院办公厅

主要条文：

大力促进城镇绿色建筑发展。政府投资的国家机关、学校、医院、博物馆、科技馆、体育馆等建筑，直辖市、计划单列市及省会城市的保障性住房，以及单体建筑面积超过 2 万平方米的机场、车站、宾馆、饭店、商场、写字楼等大型公共建筑，自 2014 年起全面执行绿色建筑标准。

◆《北京市绿色建筑行动实施方案》

颁发部门：北京市住房城乡建设委

主要条文：

全面推进，突出重点。全面推进城乡建筑绿色发展，推动以政府投资为主的建筑、大型公共建筑和绿色生态示范区项目执行二、三星级绿色建筑标准，推动新建保障性住房项目按产业化方式建设和既有非节能居住建筑实施节能综合改造。

大力发展城镇绿色建筑。"十二五"期间，累计完成新建绿色建筑不少于 3500 万平方米。鼓励政府投资的建筑、单体建筑面积超过 2 万平方米的大型公共建筑，按照绿色建筑二星级及以上标准建设，推进本市已确定的未来科技城等绿色生态示范区建设。积极引导房地产开发企业执行绿色建筑二星级及以上标准，建设绿色居住区。引导工业建筑按照绿色建筑相关标准建设。市住房城乡建设部门制定绿色建筑工程计价依据。强化绿色建筑评价标识管理，结合施工图审查，简化一星级绿色建筑设计标识评价程序，并研究简化相应的运行标识评价程序。

◆《2013 年广东省建筑节能工作要点》

颁发部门：广东省住房和城乡建设厅

主要条文：

2013 年全省绿色建筑建设任务：地区/绿色建筑建筑面积（万 m²）全省 1100；广州市 250；深圳市 250；珠海市 50；汕头市 25；佛山市 60；韶关市 24；河源市 20；梅州市 16；惠州市 50；汕尾市 16；东莞市 50；中山市 64；江门市 36；阳江市 15；湛江市 24；茂名市 20；肇庆市 40；清远市 22；潮州市 16；揭阳市 16；云浮市

16；顺德区 20。

◆《海南省绿色建筑行动实施方案》

颁发部门：海南省住房和城乡建设厅

主要条文：

城镇新建建筑严格落实强制性节能标准，"十二五"期间，完成新建绿色建筑 550 万平方米；到 22015 年末，20％的城镇新建建筑达到绿色建筑标准要求。

重点工作。自 2014 年起，政府投资的机关、学校、医院、博物馆、科技馆、体育馆等建筑以及单体建筑面积超过 2 万平方米的机场、车站、宾馆、饭店、商场、写字楼等大型公共建筑全面执行绿色建筑标准；海口市、三亚市和儋州市的保障性住房全面执行绿色建筑标准，其他市县新建保障性住房 30％以上达到绿色建筑标准要求。

◆《河南省绿色建筑行动实施方案》

颁发部门：河南省住房城乡建设厅

主要条文：

总体目标。"十二五"期间，新建绿色建筑 4000 万平方米，2015 年城镇新建建筑中的 20％达到绿色建筑标准，国家可再生能源建筑应用示范市县新建建筑绿色建筑比例达到 50％以上。

深入推进新建建筑节能。自 2014 年起，全省新建保障性住房、国家可再生能源建筑应用示范市县及绿色生态城区的新建项目、各类政府投资的公益性建筑以及单体建筑面积超过 2 万平方米的机场、车站、宾馆、饭店、商场、写字楼等大型公共建筑，全面执行绿色建筑标准。鼓励城市新区集中连片发展绿色建筑，建设绿色生态城区，其中二星级及以上绿色建筑达到 30％以上。

◆《湖南省绿色建筑行动实施方案》

颁发部门：湖南省住房城乡建设厅

主要条文：

总体目标。到 2015 年底，全省 20％以上城镇新建建筑达到绿色建筑标准要求，各县创建 1 个以上获得绿色建筑评价标识的居住小区，长沙、株洲、湘潭三市城区 25％以上新建建筑达到绿色建筑标准要求；全省创建 5 个以上示范作用明显的绿色建筑集中示范区，其中长沙、株洲、湘潭三市应分别创建 1 个以上绿色建筑集中示范区；到 2015 年底，全省城镇新（改、扩）建筑严格执行节能强制性标准，设计阶段标准执行率达到 100％，施工阶段标准执行率全省设区城市达到 99％以上，县市和建制镇达到 95％以上；到 2020 年，全省 30％以上新建建筑达到绿色建筑标准要求，长沙、株洲、湘潭三市 50％以上新建建筑达到绿色建筑标准要求。

工作重点。从 2014 年起，政府投资的公益性公共建筑全面执行绿色建筑标准。推动建筑面积 2 万平方米以上的大型公共建筑率先执行绿色建筑标准。绿色建筑集中示范区内的新建保障性住房全部执行绿色建筑评价标准。从 2014 年起，长沙市的保障性住房全面执行绿色建筑标准。

◆《江苏省绿色建筑行动实施方案》

颁发部门：江苏省住房城乡建设厅

主要条文：

主要目标。"十二五"期间，全省达到绿色建筑标准的项目总面积超过 1 亿平方米，其中，2013 年新增 1500 万平方米。2015 年，全省城镇新建建筑全面按一星及以上绿色建筑标准设计建造；2020 年，全省 50％的城镇新建建筑按二星及以上绿色建筑标准设计建造。

重点任务。自 2013 年起，全省保障性住房、政府投资项目、省级示范区中的项目以及大型公共建筑四类新建项目，全面执行绿色建筑标准。研究制定相关措施，积极引导其他新建项目按绿色建筑标准建设。2013 年制定出台《江苏省绿色建筑设计标准》，将一星级绿色建筑控制指标纳入标准强制性条文。

◆《山东省绿色建筑行动实施方案》

颁发部门：山东省住房城乡建设厅

主要条文：

主要目标。新建建筑。到 2015 年，城镇新建建筑强制性节能标准执行率设计阶段达到 100％、施工阶段达到 99％以上；累计建成绿色建筑 5000 万平方米以上，当年 20％以上的城镇新建建筑达到绿色建筑标准。

重点任务。自 2014 年起，政府投资或以政府投资为主的机关办公建筑、公益性建筑、保障性住房，以及单体面积 2 万平方米以上的公共建筑，全面执行绿色建筑标准。

◆《陕西省绿色建筑行动实施方案》

颁发部门：陕西省住房城乡建设厅

主要条文：

主要目标。新建建筑。城镇新建建筑严格落实强制性节能标准。到"十二五"末，20%的城镇新建建筑达到绿色建筑标准。

工作任务。从 2014 年 1 月 1 日起，凡政府投资建设的机关、学校、医院、博物馆、科技馆、体育馆等建筑，省会城市保障性住房，以及单体建筑面积超过 2 万平方米的机场、车站、宾馆、饭店、商场、写字楼等大型公共建筑，全面执行绿色建筑标准。

推进绿色住宅小区和绿色农房建设。2013 年 12 月底前，制定并发布施行陕西省绿色住宅小区和绿色农房建设指导意见、技术指南等。

◆《四川省绿色建筑行动实施方案》

颁发部门：四川省住房城乡建设厅

主要条文：

主要目标。新建建筑。到 2015 年，完成新建绿色建筑 3200 万平方米，城镇新建民用建筑全面实现节能 50%的目标，有条件的城市或工程项目实现节能 65%的目标，20%的城镇新建建筑达到绿色建筑标准要求。

重点任务。严格落实建筑节能强制性标准，天府新区建设项目要率先执行绿色建筑标准，2014 年起政府投资新建的公共建筑以及单体建筑面积超过 2 万平方米的新建公共建筑全面执行绿色建筑标准，2015 年起具备条件的公共建筑全面执行绿色建筑标准。

附录 E 绿色建筑相关国家标准要求

E.1 风环境相关要求

◆《绿色建筑评价标准》(GB/T 50378—2006)：

颁发部门：中华人民共和国住房和城乡建设部

主要条文：

4.1.13 住区风环境有利于冬季室外行走舒适及过渡季、夏季的自然通风。

条文解释：建筑物周围人行区距地 1.5m 高处风速 V < 5m/s 是不影响人们正常室外活动的基本要求。以冬季作为主要评价季节，是由于对多数城市而言，冬季风速约为 5m/s 的情况较多。

5.1.7 建筑物周围人行区风速低于 5m/s，不影响室外活动的舒适性和建筑通风。

条文解释：建筑物周围人行区 1.5m 高处风速宜低于 5m/s，以保证人们在室外的正常活动。以冬季作为评价季节，是基于多数城市冬季来流风速在 5m/s 的情况较多。

◆《绿色建筑评价标准》(GB/T 50378—2014)：

颁发部门：中华人民共和国住房和城乡建设部

主要条文：

4.2.6 场地内风环境有利于室外行走、活动舒适和建筑的自然通风，评价总分值为 6 分，并按下列规则分别评分累计：

1 在冬季典型风速和风向条件下，按下列规则分别评分并累计：

1) 建筑物周围人行区风速小于 5m/s，且室外风速放大系数小于 2，得 2 分；

2）除迎风第一排建筑外，建筑迎风面与背风面表面风压差不超过 5Pa，得 1 分。

2　过渡季、夏季典型风速和风向条件下，按下列规则分别评分并累计：

1）场地内人活动区不出现涡旋或无风区，得 2 分。

2）50％以上可开启外窗室内外表面的风压差大于 0.5Pa，得 1 分。

E.2　热环境相关要求

◆《绿色建筑评价标准》（GB/T 50378—2006）

颁发部门：中华人民共和国住房和城乡建设部

主要条文：

4.1.12　住区室外日平均热岛强度不高于 1.5℃。

条文解释：本标准采用夏季典型日的室外热岛强度（居住区室外气温与郊区气温的差值，即 8：00～18：00 之间的气温差别平均值）作为评价指标。以 1.5℃作为控制值，是基于多年来对北京、上海、深圳等地夏季气温状况的测试结果的平均值。

◆《绿色建筑评价标准》（GB/T 50378—2014）

颁发部门：中华人民共和国住房和城乡建设部

主要条文：

4.2.7　采取措施降低热岛强度。评价总分值为 4 分，并按下列规则分别评分并累计：

1　红线范围内户外活动场地有乔木、构筑物等遮阴措施的面积达到 10％，得 1 分；达 20％，得 2 分；

2　超过 70％的道路路面、建筑屋面的太阳辐射反射系数不小于 0.4，得 2 分。

◆《城市居住区热环境设计标准》（JGJ 286—2013）

颁发部门：中华人民共和国住房和城乡建设部

主要条文：

4.1.1　居住区的夏季平均迎风面积比应符合表 4-1 的规定。

居住区的夏季平均迎风面积比限值　　表 4-1

建筑气候区	Ⅰ、Ⅱ、Ⅳ、Ⅶ	Ⅲ、Ⅴ	Ⅵ
平均迎风面积比	≤0.85	≤0.80	≤0.70

来源：中华人民共和国住房和城乡建设部. JGJ 286—2013《城市居住区热环境设计标准》[S]. 北京，中国建筑工业出版社，2013：6 表 4.1.1

4.1.2　居住区规划布局时，在Ⅰ、Ⅱ、Ⅳ、Ⅶ建筑气候区，宜将住宅建筑净密度大的组团布置在冬季主导风向的上风向；在Ⅲ、Ⅵ、Ⅴ建筑气候区，宜将住宅建筑净密度大的组团布置在夏季主导风向的下风向。

4.1.3　在Ⅰ、Ⅱ、Ⅳ、Ⅶ建筑气候区，开敞型院落组团的开口不宜朝向冬季主导风向。

4.1.4　在Ⅲ、Ⅵ、Ⅴ建筑气候区，当夏季主导风向上的建筑物迎风面宽度超过 80m 时，该建筑底层的通风架空率不应小于 10%。当不满足本条文要求时，居住区的夏季逐时湿球黑球温度和夏季平均热岛强度应符合本标准第 3.3.1 条规定。

4.1.5　在Ⅲ、Ⅵ、Ⅴ建筑气候区，居住区围墙应能通风，围墙的可通风面积率宜大于 40%。

4.1.6　居住区宜结合景观设施引导活动空间的空气流动或防止风速过高。

4.2.1　居住区夏季户外活动场地应有遮阳，遮阳覆盖率不应小于表 4-2 规定。

居住区活动场地的遮阳覆盖率限值（％）　　表 4-2

场地	建筑气候区	
	Ⅰ、Ⅱ、Ⅳ、Ⅶ	Ⅲ、Ⅵ、Ⅴ
广场	10	25
游憩场	15	30
停车场	15	30
人行道	25	50

来源：中华人民共和国住房和城乡建设部. JGJ 286—2013《城市居住区热环境设计标准》[S]. 北京，中国建筑工业出版社，2013：7 表 4.2.1.

4.2.2　环境遮阳应采用乔木类绿化遮阳方式，或应采用庇护性景观亭、廊或固定式棚、架、膜结构等的构筑物遮阳方式，或应采用绿化和构筑物混合遮阳方式。

4.2.3 绿化遮阳体的叶面积指数[①]不应小于 3.0. 当不满足本条文要求时，居住区的夏季逐时湿球黑球温度和夏季平均热岛强度应符合本标准第 3.3.1 条规定。[②]

5.0.1 居住区夏季逐时湿球黑球温度应按下列公式进行计算：

$$WBGT(\tau)_{夏季} = 1.157t_a(\tau) + 17.425\varphi_a(\tau) + 2.407 \times 10^{-3}$$
$$[I_{SR}(\tau) + I_{SR-R}(\tau)] - 20.550 \qquad (5.0.1-1)$$

$$\varphi_a(\tau) = \varphi_{a \cdot TMD}(\tau) \cdot 10^m \qquad (5.0.1-2)$$

$$m = 7.5t_{a \cdot TMD}(\tau)/[237.3 + t_{a \cdot TMD}(\tau)] - 7.5t_a(\tau)/[237.3 + t_a(\tau)]$$
$$(5.0.1-3)$$

$$I_{SR-R}(\tau) = \{[I_o(\tau) - I_{dif}(\tau)][1 - f_{PSA}(\tau)] + I_{dif}(\tau)\Psi_{SVF}\} \times (1 - \rho)$$
$$(5.0.1-4)$$

$$\Psi_{SVF} = \frac{1}{n} \cdot \sum_{i=1}^{n}(1 - f_{PSA \cdot i}) \qquad (5.0.1-5)$$

5.0.2 居住区夏季平均热岛强度应按下式进行计算：

$$\overline{\Delta t_a}_{夏季} = \sum_{\tau_1}^{\tau_2}[t_a(\tau) - t_{a \cdot TMD}(\tau)]/11 \qquad (5.0.2)$$

---

① 叶面积指数：单位地面面积上植物叶子单面总面积所占比值。

② 当进行评价性设计时，应采用逐时湿球黑球温度和平均热岛强度作为居住区热环境的设计指标，设计指标应符合下列规定：1、居住区夏季逐时湿球黑球温度不应大于 33℃；2、居住区夏季平均热岛强度不应大于 1.5℃。

附录 F 全国各地区气象气候参数比较

较常用的气象参数来源如下：

◆ 中华人民共和国监督局《建筑气候区划标准》（GB 50178—93）；

◆ 中国气象局气象信息中心气象资料室《中国建筑热环境分析专业气象数据集》，2005；

◆ 中华人民共和国建设部《民用建筑供暖通风与空气调节设计规范》（GB 50736—2012）。

全国各地区室外计算参数各标准差异详见附表 F-1。

全国各地区室外计算参数差异　　　　附表 F-1

		建筑气候区划标准（GB 50178—93）	中国建筑热环境分析专业气象数据集	民用建筑供暖通风与空气调节设计规范（GB 50736—2012）
温州	冬季			
	室外平均风速（m/s）	/	2.2	1.8
	最多风向	C NW	NW	C NW
	最多风向的频率（%）	22 20	27	30 13
	室外最多风向的平均风速（m/s）	/	3	2.9
	夏季			
	室外平均风速（m/s）	/	1.9	3.4
	室外最多风向的平均风速（m/s）	/	1.9	3.4
	最多风向	C E	ESE	C ESE
	最多风向的频率（%）	30 23	21	29 18
	通风室外计算温度（℃）		31.4	31.5
北京市	冬季			
	室外平均风速（m/s）	/	2.7	2.6
	最多风向	C NNW	NNW	C N
	最多风向的频率（%）	18 14	14	19 12
	室外最多风向的平均风速（m/s）	/	4.5	4.7

续表

		建筑气候区划标准 (GB 50178—93)	中国建筑热环境分析专业气象数据集	民用建筑供暖通风与空气调节设计规范 (GB 50736—2012)
北京市	夏季			
	室外平均风速（m/s）	/	2.2	2.1
	最多风向	/	SE	C　SW
	最多风向的频率（%）	C　S	14	18　10
	室外最多风向的平均风速（m/s）	25　9	/	3
	通风室外计算温度（℃）	/	29.9	29.7
	冬季			
	室外平均风速（m/s）	/	2.1	2.4
	最多风向	NNW	NNW	C　N
	最多风向的频率（%）	14	15	20　11
	室外最多风向的平均风速（m/s）	/	5.6	4.8
天津市	夏季			
	室外平均风速（m/s）	/	1.7	2.2
	最多风向	SE	S	C　S
	最多风向的频率（%）	11	11	15　9
	室外最多风向的平均风速（m/s）	/	/	2.4
	通风室外计算温度（℃）	/	29.9	29.8
	冬季			
	室外平均风速（m/s）	/	0.8	1.1
	最多风向	C　N	N	C　NNE
	最多风向的频率（%）	39　13	8	46　13
	室外最多风向的平均风速（m/s）	/	2	1.6
重庆市	夏季			
	室外平均风速（m/s）	/	2.1	1.5
	最多风向	C　N	NW	C　ENE
	最多风向的频率（%）	29　8	20	33　8
	室外最多风向的平均风速（m/s）	/	/	1.1
	通风室外计算温度（℃）	/	32.4	31.7
上海市	冬季			
	室外平均风速（m/s）	/	3.3	2.6

		建筑气候区划标准（GB 50178—93）	中国建筑热环境分析专业气象数据集	民用建筑供暖通风与空气调节设计规范（GB 50736—2012）
上海市	最多风向	NW	N	NW
	最多风向的频率（%）	15	13	14
	室外最多风向的平均风速（m/s）	/	3	3
	夏季			
	室外平均风速（m/s）	/	3.4	3.1
	最多风向	SSE	S	SE
	最多风向的频率（%）	19	14	14
	室外最多风向的平均风速（m/s）	/	/	3
	通风室外计算温度（℃）		30.8	31.2
秦皇岛（河北）	冬季			
	室外平均风速（m/s）			2.5
	最多风向	NNE	/	C　WNW
	最多风向的频率（%）	18	/	19　13
	室外最多风向的平均风速（m/s）	/	/	3
	夏季			
	室外平均风速（m/s）	/	/	2.3
	最多风向	C　SSW	/	C　WSW
	最多风向的频率（%）	12　10	/	19　10
	室外最多风向的平均风速（m/s）		/	2.7
	通风室外计算温度（℃）	/	/	27.5
郑州（河南）	冬季			
	室外平均风速（m/s）	/	2.4	2.7
	最多风向	C　WNW	NE	C　NW
	最多风向的频率（%）	16　14	16	22　12
	室外最多风向的平均风速（m/s）	/	4.3	4.9
	夏季			
	室外平均风速（m/s）	/	2.2	2.2
	最多风向	C　S	S	C　S
	最多风向的频率（%）	15　13	17	21　11
	室外最多风向的平均风速（m/s）	/	/	2.8
	通风室外计算温度（℃）	/	30.9	30.9

		建筑气候区划标准 (GB 50178—93)	中国建筑热环境分析专业气象数据集	民用建筑供暖通风与空气调节设计规范 (GB 50736 —2012)
	冬季			
	室外平均风速（m/s）	/	0.9	1.4
	最多风向	C NE	ENE	C ENE
	最多风向的频率（%）	34 11	6	41 10
西安	室外最多风向的平均风速（m/s）	/	1.7	2.5
（陕西）	**夏季**			
	室外平均风速（m/s）	/	1.6	1.9
	最多风向	C NE	NE	C ENE
	最多风向的频率（%）	25 13	18	28 13
	室外最多风向的平均风速（m/s）	/	/	2.5
	通风室外计算温度（℃）	/	30.7	30.6
	冬季			
	室外平均风速（m/s）	/	1.8	2
	最多风向	C NNW	NNW	C N
	最多风向的频率（%）	24 14	16	30 13
太原	室外最多风向的平均风速（m/s）	/	2.9	2.6
（山西）	**夏季**			
	室外平均风速（m/s）	/	2.1	1.8
	最多风向	C NNW	NNW	C N
	最多风向的频率（%）	29 13	16	30 10
	室外最多风向的平均风速（m/s）	/	/	2.4
	通风室外计算温度（℃）	/	27.8	27.8
	冬季			
	室外平均风速（m/s）	/	2.7	2.9
	最多风向	C ENE	ENE	E
济南	最多风向的频率（%）	17 14	18	16
（山东）	室外最多风向的平均风速（m/s）	/	3.5	3.7
	夏季			
	室外平均风速（m/s）	/	2.8	2.8
	最多风向	C SSW	SSW	SW

		建筑气候区划标准 (GB 50178—93)		中国建筑热环境分析专业气象数据集	民用建筑供暖通风与空气调节设计规范 (GB 50736—2012)
济南 (山东)	最多风向的频率（%）	17	15	19	14
	室外最多风向的平均风速（m/s）	/		/	3.6
	通风室外计算温度（℃）	/		30.9	30.9
兰州 (甘肃)	冬季				
	室外平均风速（m/s）	/		0.3	0.5
	最多风向	C	NE	2.2	C E
	最多风向的频率（%）	71	3	ENE	74 5
	室外最多风向的平均风速（m/s）	/		5	1.7
	夏季				
	室外平均风速（m/s）	/		1.3	1.2
	最多风向	C	E	E	C ESE
	最多风向的频率（%）	44	9	12	48 9
	室外最多风向的平均风速（m/s）	/		/	2.1
	通风室外计算温度（℃）	/		26.6	26.5
沈阳 (辽宁)	冬季				
	室外平均风速（m/s）	/		2	2.6
	最多风向	N		ENE	C NNE
	最多风向的频率（%）	13		18	13 10
	室外最多风向的平均风速（m/s）	/		1.9	3.6
	夏季				
	室外平均风速（m/s）	/		2.8	2.6
	最多风向	S		SSW	SW
	最多风向的频率（%）	19		23	16
	室外最多风向的平均风速（m/s）	/		/	3.5
	通风室外计算温度（℃）	/		28.2	28.2
长春 (吉林)	冬季				
	室外平均风速（m/s）	/		3.1	3.7
	最多风向	SW		SW	WSW
	最多风向的频率（%）	21		23	20
	室外最多风向的平均风速（m/s）	/		3.9	4.7

	建筑气候区划标准(GB 50178—93)	中国建筑热环境分析专业气象数据集	民用建筑供暖通风与空气调节设计规范(GB 50736—2012)
长春(吉林)	夏季		
室外平均风速（m/s）	/	3.5	3.2
最多风向	SSW SW	SW	WSW
最多风向的频率（%）	16 16	20	15
室外最多风向的平均风速（m/s）	/	/	4.6
通风室外计算温度（℃）	/	26.6	26.6
哈尔滨(黑龙江)	冬季		
室外平均风速（m/s）	/	3.2	3.2
最多风向	S	SSW	SW
最多风向的频率（%）	14	17	14
室外最多风向的平均风速（m/s）	/	3.5	3.7
	夏季		
室外平均风速（m/s）	/	2.8	3.2
最多风向	S	SW	SSW
最多风向的频率（%）	14	22	12
室外最多风向的平均风速（m/s）	/	/	3.9
通风室外计算温度（℃）	/	26.8	26.8
昆明(云南)	冬季		
室外平均风速（m/s）	/	2	2.2
最多风向	C sw	SW	C WSW
最多风向的频率（%）	35 22	14	35 19
室外最多风向的平均风速（m/s）	/	3.8	3.7
	夏季		
室外平均风速（m/s）	/	1.8	1.8
最多风向	C E	SW	C WSW
最多风向的频率（%）	39 12	13	31 13
室外最多风向的平均风速（m/s）	/	/	2.6
通风室外计算温度（℃）	/	23.1	23
贵阳(贵州)	冬季		
室外平均风速（m/s）	/	2.3	2.1

	建筑气候区划标准（GB 50178—93）	中国建筑热环境分析专业气象数据集	民用建筑供暖通风与空气调节设计规范（GB 50736—2012）
最多风向	NE	NE	ENE
最多风向的频率（%）	21	29	23
室外最多风向的平均风速（m/s）	/	2.6	2.5
贵阳（贵州） 夏季			
室外平均风速（m/s）	/	2.1	2.1
最多风向	C S	S	C SSW
最多风向的频率（%）	26 23	22	24 17
室外最多风向的平均风速（m/s）	/	/	3
通风室外计算温度（℃）		27	27.1
冬季			
室外平均风速（m/s）		2.2	2.4
最多风向	C NW	NW	C NNW
最多风向的频率（%）	18 13	10	17 23
室外最多风向的平均风速（m/s）	/	3.6	3.1
福州（福建） 夏季			
室外平均风速（m/s）	/	3.4	3
最多风向	SE	SE	SSE
最多风向的频率（%）	32	28	24
室外最多风向的平均风速（m/s）	/	/	4.2
通风室外计算温度（℃）	/	33.2	33.1
冬季			
室外平均风速（m/s）	/	2.4	1.7
最多风向	C N	N	C NNE
最多风向的频率（%）	29 28	35	34 19
室外最多风向的平均风速（m/s）	/	3.4	2.7
广州（广东） 夏季			
室外平均风速（m/s）	/	1.5	1.7
最多风向	C SE	SE	C SSE
最多风向的频率（%）	26 15	14	28 12
室外最多风向的平均风速（m/s）	/	/	2.3
通风室外计算温度（℃）	/	31.9	31.8

	建筑气候区划标准(GB 50178—93)	中国建筑热环境分析专业气象数据集	民用建筑供暖通风与空气调节设计规范(GB 50736—2012)
冬季			
室外平均风速（m/s）	/	2.6	2.5
最多风向	NE	NE	ENE
最多风向的频率（%）	31	28	24
室外最多风向的平均风速（m/s）	/	3.2	3.1
夏季 （海口(海南)）			
室外平均风速（m/s）	/	2.6	2.3
最多风向	SSE	SSE	S
最多风向的频率（%）	21	30	19
室外最多风向的平均风速（m/s）	/	/	2.7
通风室外计算温度（℃）	/	32.2	32.2
冬季			
室外平均风速（m/s）	/	/	/
最多风向	E	/	/
最多风向的频率（%）	26	/	/
室外最多风向的平均风速（m/s）	/	/	/
夏季 （台北(台湾)）			
室外平均风速（m/s）	/	/	/
最多风向	ESE	/	/
最多风向的频率（%）	13	/	/
室外最多风向的平均风速（m/s）	/	/	/
通风室外计算温度（℃）	/	/	/
冬季			
室外平均风速（m/s）	/	1	0.9
最多风向	/	NNE	C NE
最多风向的频率（%）	/	19	50 13
室外最多风向的平均风速（m/s） （成都(四川)）	/	1.9	1.9
夏季			
室外平均风速（m/s）	/	1.4	1.2
最多风向	/	NNW	C NNE

		建筑气候区划标准（GB 50178—93）	中国建筑热环境分析专业气象数据集	民用建筑供暖通风与空气调节设计规范（GB 50736—2012）
成都（四川）	最多风向的频率（%）	/	10	41　8
	室外最多风向的平均风速（m/s）	/	/	2
	通风室外计算温度（℃）	/	28.6	28.5
武汉（湖北）	冬季			
	室外平均风速（m/s）		2.6	1.8
	最多风向	NNE	NNE	C　NE
	最多风向的频率（%）	18	20	28　13
	室外最多风向的平均风速（m/s）	/	3.9	3
	夏季			
	室外平均风速（m/s）	/	2	2
	最多风向	C　SSW	SE	C　ENE
	最多风向的频率（%）	12　10	9	23　8
	室外最多风向的平均风速（m/s）	/	/	2.3
	通风室外计算温度（℃）	/	32	32
长沙（湖南）	冬季			
	室外平均风速（m/s）	/	2.4	2.3
	最多风向	NW	NNW	NNW
	最多风向的频率（%）	31	25	32
	室外最多风向的平均风速（m/s）	/	3.4	3
	夏季			
	室外平均风速（m/s）	/	2.4	2.6
	最多风向	S	S	C　NNW
	最多风向的频率（%）	21	22	16　13
	室外最多风向的平均风速（m/s）	/	/	1.7
	通风室外计算温度（℃）	/	32.2	32.9
南昌（江西）	冬季			
	室外平均风速（m/s）	/	3.4	2.6
	最多风向	N	N	NE
	最多风向的频率（%）	28	30	26
	室外最多风向的平均风速（m/s）		4.8	3.6

续表

		建筑气候区划标准 (GB 50178—93)	中国建筑热环境分析专业气象数据集	民用建筑供暖通风与空气调节设计规范 (GB 50736 —2012)
南昌 (江西)	夏季			
	室外平均风速（m/s）	/	2.3	2.2
	最多风向	SW	S	C WSW
	最多风向的频率（%）	17	18	21 11
	室外最多风向的平均风速（m/s）	/	/	3.1
	通风室外计算温度（℃）	/	32.8	28.2
合肥 (安徽)	冬季			
	室外平均风速（m/s）	/	2.6	2.7
	最多风向	C ENE	NNE	C E
	最多风向的频率（%）	21 9	12	17 10
	室外最多风向的平均风速（m/s）		3.5	3
	夏季			
	室外平均风速（m/s）	/	3.2	2.9
	最多风向	S	S	C SSW
	最多风向的频率（%）	17	23	11 10
	室外最多风向的平均风速（m/s）	/	/	3.4
	通风室外计算温度（℃）	/	31.5	31.4
南京 (江苏)	冬季			
	室外平均风速（m/s）	/	2.7	2.4
	最多风向	C NE	ENE	C ENE
	最多风向的频率（%）	25 11	13	27 10
	室外最多风向的平均风速（m/s）		3.2	3.5
	夏季			
	室外平均风速（m/s）	/	2.4	2.6
	最多风向	C SE	SSE	C SSE
	最多风向的频率（%）	19 12	11	18 11
	室外最多风向的平均风速（m/s）	/	/	3
	通风室外计算温度（℃）	/	30.6	28.1
杭州 (浙江)	冬季			
	室外平均风速（m/s）	/	2.6	2.3

续表

		建筑气候区划标准 (GB 50178—93)	中国建筑热环境分析专业气象数据集	民用建筑供暖通风与空气调节设计规范 (GB 50736—2012)
杭州（浙江）	最多风向	C　NNW	NNW	C　N
	最多风向的频率（%）	19　16	23	20　15
	室外最多风向的平均风速（m/s）	/	3.8	3.3
	夏季			
	室外平均风速（m/s）	/	2.6	2.4
	最多风向	SSW	SSW	SW
	最多风向的频率（%）	25	19	17
	室外最多风向的平均风速（m/s）	/	/	2.9
	通风室外计算温度（℃）	/	32.4	32.3

注：《中国建筑热环境分析专业气象数据集》和《民用建筑供暖通风与空气调节设计规范》差异较小。

《建筑气候区划标准》（GB 50178—93）与《中国建筑热环境分析专业气象数据集》《民用建筑供暖通风与空气调节设计规范》差异较大。

附录G 近年绿色建筑相关其他规范、标准及文件相关要求

◆《绿色校园评价标准》(CSUS/GBC 04—2013)

颁发部门：中国城市科学研究会绿色建筑与节能专业委员会

主要条文：

4.1.9 保证校园及周边环境的景观建设质量，改善室外热环境，室外日平均热岛强度不高于1.5℃。

条文解释：本标准采用夏季典型日的室外热岛强度（学校室外气温与郊区气温的差值，即8：00～18：00之间的气温差别平均值）作为评价指标。

4.1.13 根据学校所在地的冬夏主导风向合理布置建筑物及构筑物，校园风环境有利于冬季室外行走舒适及过渡季、夏季的自然通风。

条文解释：建筑物周围人行区距地1.5m高处风速 $V<5m/s$ 是不影响人们正常室外活动的基本要求。以冬季作为主要评价季节，是由于对多数城市而言，冬季风速约为5m/s的情况较多。

◆《湖北省绿色建筑评价标准》

颁发部门：湖北省住房和城乡建设厅

主要条文：

4.1.13 住区室外日平均热岛强度不高于1.5℃。

条文解释：以夏季典型时刻的郊区气候条件（风向、风速、气温、湿度等）为例，模拟住区室外1.5m高处的典型时刻的温度分布情况，要求日平均热岛强度不高于1.5℃。

4.1.14 住区风环境有利于冬季室外行走舒适及过渡季、夏季的自然通风。

条文解释：建筑物周围人行区距地1.5m高处风速 $V<5m/s$ 是不影响人们正常室外活动的基本要求。以冬季作为主要评价季节，

是由于对多数城市而言，冬季风速约为 5m/s 的情况较多。

◆《福建省绿色建筑评价标准》(DBJ/T 13—118—2010)

颁发部门：福建省住房和城乡建设厅

主要条文：

4.1.11 住区室外日平均热岛强度不高于 1.5℃。

条文解释：以夏季典型时刻的郊区气候条件（风向、风速、气温、湿度等）为例，模拟住区室外 1.5m 高处的典型时刻的温度分布情况，要求日平均热岛强度不高于 1.5℃。

4.1.12 住区风环境有利于冬季室外行走舒适及过渡季、夏季的自然通风。

条文解释：建筑物周围人行区距地 1.5m 高处风速 $V<5m/s$ 是不影响人们正常室外活动的基本要求。以冬季作为主要评价季节，是由于对多数城市而言，冬季风速约为 5m/s 的情况较多。

◆《江苏省绿色建筑评价技术细则》

颁发部门：江苏省住房和城乡建设厅

主要条文：

4.1.12 住区室外日平均热岛强度不高于 1.5℃。

条文解释：以夏季典型时刻的郊区气候条件（风向、风速、气温、湿度等）为例，模拟住区室外 1.5m 高处的典型时刻的温度分布情况，要求日平均热岛强度不高于 1.5℃。

4.1.13 住区风环境有利于冬季室外行走舒适及过渡季、夏季的自然通风。

条文解释：建筑物周围人行区距地 1.5m 高处风速 $V<5m/s$ 是不影响人们正常室外活动的基本要求。以冬季作为主要评价季节，是由于对多数城市而言，冬季风速约为 5m/s 的情况较多。由于建筑单体设计和群体布局不当会导致住区风环境恶劣，针对再生风和二次风环境提出风速增量不大于 3m/s。

◆《深圳市绿色建筑评价规范》(SZJG 30—2009)

颁发部门：深圳市质量技术监督局

主要条文：

5.1.13 实测或模拟计算证明住区室外日平均热岛强度不大于

1.5℃，或满足以下任三项即为满足要求：

1 住区绿地率不小于 35%；

2 住区中不少于 50% 的硬质地面有遮阴或铺设太阳辐射吸收率为 0.3～0.7 的浅色材料；

3 无遮阴的地面停车位占地面总停车位的比率不超过 10%；

4 不少于 30% 的可绿化屋面实施绿化或不少于 75% 的非绿化屋面为浅色饰面，坡屋顶太阳辐射吸收率小于 0.7，平屋顶太阳辐射吸收率小于 0.5；

5 建筑外墙浅色饰面，墙面太阳辐射吸收率小于 0.6。

条文解释：热岛强度的特征是冬季最强，夏季最弱，春秋居中。年均气温的城乡差值约 1℃。以 1.5℃ 作为控制值，是以深圳夏季典型日的室外热岛强度（居住区室外气温与郊区气温的差值，即 8：00～18：00 之间的气温差别平均值）作为评价指标。

5.1.15 住区风环境有利于过渡季、夏季的自然通风及冬季室外行走舒适。建筑物周围人行区域距地面 1.5m 高处的风速放大系数不大于 2，80% 人行区域距地面 1.5m 高处的风速放大系数不小于 0.3。

为了便于评价建筑布局对风环境的影响，可以采用风速放大系数来作评价，要求人行区域的风速放大系数不大于 2。

条文解释：此外，通风不畅时会在某些区域形成无风区或涡旋区，不利于室外散热和污染物的消散，应尽量避免，规定建筑物周围人行区域距地面 1.5m 高处的风速放大系数不小于 0.3。

规划设计时，应进行风环境模拟预测分析和优化，并在模拟分析的基础上采取相应措施改善室外风环境，并且用地面积 15 万 m^2 以上的住区还应进行自然通风数值模拟设计。

模拟分析时，边界风速取值应满足梯度风变化 $V/V0 = (H/H_0)^\alpha$，其中，V 为某高度 H 处的风速，$V0$ 为标准高度处主导风向（东南东向）的风速，取值为 2.7m/s，H_0 为标准高度 10m，α 为地面粗糙程度，取值 1/3，模拟时应考虑周边建筑环境的影响。当可获得建筑周围区域的风环境统计资料时，可以该气象资料作为模拟边界输入条件。

◆《太原市绿色建筑标准》(DBJ 04—255—2007)

颁发部门：山西省住房和城乡建设厅

主要条文：

4.1.17 住区室外日平均热岛强度不高于 1.5℃。

条文解释：以夏季典型时刻的郊区气候条件（风向、风速、气温、湿度等）为例，模拟住区室外 1.5m 高处的典型时刻的温度分布情况，要求日平均热岛强度不高于 1.5℃。

4.1.18 住区风环境有利于冬季室外行走舒适及过渡季、夏季的自然通风。

条文解释：建筑物周围人行区距地 1.5m 高处风速 $V<5m/s$ 是不影响人们正常室外活动的基本要求。以冬季作为主要评价季节，是由于对多数城市而言，冬季风速约为 5m/s 的情况较多。由于建筑单体设计和群体布局不当会导致住区风环境恶劣，针对再生风和二次风环境提出风速增量不大于 3m/s。

◆《重庆市绿色建筑评价标准》(DBJ/T 50—066—2009)

颁发部门：重庆市城乡建设委员会

主要条文：

4.1.14 住区室外日平均热岛强度不高于 1.5℃。

条文解释：以夏季典型时刻的郊区气候条件（风向、风速、气温、湿度等）为例，模拟住区室外 1.5m 高处的典型时刻的温度分布情况，要求日平均热岛强度不高于 1.5℃。

4.1.15 住区风环境有利于冬季室外行走舒适及过渡季、夏季的自然通风。

条文解释：建筑物周围人行区距地 1.5m 高处风速 $V<5m/s$ 是不影响人们正常室外活动的基本要求。以冬季作为主要评价季节，是由于对多数城市而言，冬季风速约为 5m/s 的情况较多。由于建筑单体设计和群体布局不当会导致住区风环境恶劣，针对再生风和二次风环境提出风速增量不大于 3m/s。

◆《上海市绿色建筑评价标准》(DG/TJ 08—2090—2012)

颁发部门：上海市城乡建设和交通委员会

主要条文：

4.1.14 住区室外日平均热岛强度不高于 1.5℃。

条文解释：本标准采用夏季典型日的室外热岛强度（居住区室外气温与郊区气温的差值，即 8：00～18：00 之间的气温差别平均值）作为评价指标。以 1.5℃ 作为控制值，是基于多年来对北京、上海、深圳等地夏季气温状况的测试结果的平均值。

4.1.15 住区风环境有利于过渡季、夏季的自然通风，且冬季人行区域风速不高于 5m/s。

条文解释：建筑物周围人行区距地 1.5m 高处风速 $V<5m/s$ 是不影响人们正常室外活动的基本要求。

◆《北京市绿色建筑评价标准》（DB11/T 825—2011—2011）

颁发部门：北京市住房和城乡建设委员会

主要条文：

4.1.13 住宅室外日平均热岛的实测值或模拟计算不大于 1.5℃，或同时满足以下任意三项即为满足要求：

1 住区绿地率不小于 35%，采用复层绿化，合理进行植物配置；

2 住区中不少于 50% 的硬质地面有遮阴或铺设太阳辐射吸收率为 0.3～0.7 的浅色材料；

3 无遮阴人行道不超过住区内人行道长度的 25%，地面停车位均设有遮阴措施；

4 不少于 30% 的可绿化屋面实施绿化或不少于 75% 的非绿化屋面为浅色饰面，坡屋顶太阳辐射吸收率小于 0.7，平屋顶太阳辐射吸收率小于 0.5。

4.1.14 住区风环境有利于冬季防风、室外行走舒适及过渡季、夏季的自然通风。建筑物周围人行区域距地面 1.5m 高处的风速低于 5m/s，风速放大系数不大于 2，并避免出现局部漩涡和死角。冬季保证建筑物前后压差不大于 5Pa。夏季保证 75% 以上的板式建筑前后保持 1.5Pa 左右的压差。

条文解释：建筑物周围人行区距地 1.5m 高处风速 $V<5m/s$ 是不影响人们正常室外活动的基本要求。

◆《陕西省绿色建筑评价标准实施细则（试行）》

颁发部门：陕西省住房和城乡建设厅

主要条文：

4.1.12 住区室外日平均热岛强度不高于 1.5℃。

1. 规划设计阶段，应采用计算机模拟手段优化室外设计，采取相应措施改善室外热环境。以夏季典型时刻的郊区气候条件（风向、风速、空气温度、湿度等）为例，模拟住区室外 1.5m 高处的典型时刻的温度分布情况，要求日平均热岛强度不高于 1.5℃。

2. 或满足以下任三项也可视为本条款达标：

（1）住区绿地率不小于 35%。

（2）硬质地面遮阴或硬质地面铺设浅色材料有利于降低人行区域的温度，为便于评价硬质地面的遮阴比例，成年乔木平均遮阴半径取为 4m，棕榈科乔木平均遮阴半径取为 2m。住区中不少于 50% 的硬质地面有遮阴或铺设太阳辐射吸收率为 0.3～0.7 的浅色材料。

（3）无遮阴的地面停车位占地面总停车位的比例不超过 10%；无遮阴的硬质地面停车率是指无遮阴的硬质地面机动车停车位与总停车位的比例。如果地面停车位受植物遮阴或设置了遮阳棚或地面为透水地面，可不计入无遮阴的硬质地面停车率的计算。

（4）不少于 30% 的可绿化屋面实施绿化或不少于 75% 的非绿化屋面为浅色饰面，坡屋顶太阳辐射吸收率小于 0.7，平屋顶太阳辐射吸收率小于 0.5；可绿化屋顶是指除掉设备管路、楼梯间及太阳能集热板等部位之外的屋面。对于高反射率的屋面的评价而言，楼梯间等要计入评价范围，设备管路、太阳能集热板等部位不计入。

（5）建筑外墙为浅色饰面，各墙面太阳辐射总吸收率小于 0.6。

4.1.13 住区风环境有利于冬季室外行走舒适及过渡季、夏季的自然通风。

1. 规划设计时，应进行风环境模拟预测分析和优化，并在模拟分析的基础上采取相应措施改善室外风环境。

2. 通过合理的建筑设计和布局，使建筑物周围人行区距地 1.5m 高处风速 $V<5m/s$，风速放大系数不得大于 2.0，且有利于夏季、过渡季自然通风，住区不出现漩涡和死角。

3. 对建筑的过渡季、夏季的自然通风进行优化设计。

◆《绿色建筑评价标准（香港版）》（CSUS/GBC 1—2010）

颁发部门：中国城市科学研究会绿色建筑与节能专业委员会

主要条文：

4.1.12 住区风环境有利于冬季室外行走舒适及过渡季、夏季的自然通风。

4.1.18 住区室外日平均热岛强度不高于 1.5℃。

◆《浙江省民用建筑项目节能评估技术导则》

颁发部门：浙江省住房和城乡建设厅

主要条文：

7.5 风环境技术评估：建筑总平面设计有利于冬季日照并避开冬季主导风向，夏季利于自然通风；

人行及活动区域的风速放大系数不应大于 2；

在建筑物周围行人区 1.5m 高度的风速小于 5m/s；

建筑物前后压差在冬季不大于 5Pa；

75% 以上的板式建筑前后压差在夏季保持 1.5Pa 左右。避免出现局部漩涡和死角，保证室内有效的自然通风。

7.6 热环境技术评估：建筑设计区域内距地 1.5m 处夏季平均温度控制在合理范围内，以降低热岛效应的影响。

◆《重庆市公共建筑节能（绿色建筑）设计标准》（DBJ 50—052—2013）

颁发部门：重庆市城乡建设委员会

主要条文：

7.2.1 缓解城市热岛效应的措施设计，应至少采取下列 2 项措施：

1 红线范围内户外活动场地（包括步道、庭院、广场、游憩场和停车场）有遮阴措施的面积高于 50%；

2 超过 70% 的建筑外墙和屋顶或超过 70% 的建筑红线内道路采用太阳辐射反射系数不低于 0.4 的材料；

3 地源热泵或水源热泵承担 50% 及以上的空调负荷，或夏季 20% 以上的空调负荷有排风热回收措施。

本条文为进行绿色建筑设计的评分项。本条主要对为改善建筑用地内部以及周边地域的热环境，获得舒适微气候环境所采取的措施进行评价。设备散热、建筑墙体及路面的辐射热是造成建筑物及其周边热环境恶化的主要原因。这些散热不与建筑周围的环境恶化密切相关，而且也是造成城市热岛效应的原因之一。

绿色建筑设计阶段应分析判断夏季典型日（典型日为夏至日或大暑日）的日平均热岛强度（8：00~18：00 的平均值）是否达到不高于 1.5℃ 的要求。

为便于设计人员采取具体措施，根据评价标准的内容，设计阶段也可通过采取一些具体的技术措施来控制热岛强度，包括：

措施 1：户外活动场地超过 50% 的面积有遮阴措施。户外活动场地包括：步道、庭院、广场、游憩场和停车场。遮阴措施包括绿化遮阴、构筑物遮阴、建筑自遮挡，其中：遮阴面积按照成年乔木的树冠投影面积计算；构筑物遮阴按照遮阴投影面积计算；建筑自遮挡面积按照夏至日 8：00~16：00 内有 4h 处于建筑阴影区域的户外活动场地面积。

措施 2：建筑立面（非透明外墙，不包括玻璃幕墙）、屋顶、地面、道路采用太阳辐射反射系数较大的材料，可降低太阳得热或蓄热，降低表面温度，达到降低热岛效应，改善室外热舒适的目的。

措施 3：夏季 50% 的空调负荷由地源热泵或水源热泵承担，或夏季 20% 以上的空调负荷有排热回收措施。

7.2.3 设计应进行下列建筑室内外风环境、室内采光分析，优化建筑空间平面和构造设计：

1 应结合场地自然条件，对建筑的体形、朝向、楼距等进行优化设计；

2 过渡季、夏季建筑物室外风压均匀，典型风速和风向条件下的建筑（或主要开窗）前后表面压差大于 0.5Pa；

3 在过渡季典型工况下，90% 的房间的平均自然通风换气次数不应低于 2 次/h；

4 避免卫生间、餐厅、地下车库等区域的空气和污染物串通到室内其他空间或室外主要活动场所；

本条文为进行绿色建筑设计的评分项。建筑的体形、朝向、楼距以及楼群的布置都对通风、日照和采光有明显的影响，因而也间接影响建筑的供暖和空调能耗以及建筑的室内环境的舒适与否，应该给予足够的重视。然而，这方面的优化又很难通过定量的指标加以描述，因此，要求设计过程进行设计优化，优化内容是否涉及体形、朝向、楼距对通风、日照和采光等的影响来判断。

1、2 主要对为改善建筑用地内部以及周边地域的热环境、获得舒适微气候环境所采取的措施进行评价。改善建筑用地内的通风，需要合理规划建筑布局，保证适当的空地、绿地，促进通风，设计适当的建筑高度、平面形状，合理规划用地内的道路。

要求通过对不同季节典型风向、风速的建筑外风环境进行分析，目的是要满足冬季建筑物周围人行风速低于 5m/s 且建筑室外风速放大系数小于 2。考虑到由于建筑所处区域、位置地势等因素不同，对于不能满足上述条件的建筑，应采用数值分析的方法予以确定。

3 本条文达标的途径有 2 个：

1）在过渡季节典型工况下，自然通风房间可开启外窗净面积不得小于房间地板面积的 4%，建筑内区房间若通过邻接房间进行自然通风，其通风开口面积应大于该房间净面积的 8%，且不应小于 2.3m² （数据源自美国 ASHRAE 标准 62.1）。同时，单侧通风房间的进深不超过房间净高的 3 倍，穿堂风房间的进深不超过房间净高的 5 倍。

2）针对不容易实现自然通风的区域（例如大进深内区或由于别的原因不能保证开窗通风面积满足自然通风要求的区域）进行了自然通风设计的明显改进和创新，或者自然通风效果实现了明显的改进，保证建筑所有房间在过渡季典型工况下平均自然通风换气次数大于 2 次/h。

加强自然通风的建筑在设计时，可采用下列措施：建筑单体采用诱导气流方式，如导风墙和拔风井等，促进建筑内自然通风；定量分析风压和热压作用在不同区域的通风效果，综合比较不同建筑设计及构造设计方案，确定最优自然通风系统设计方案。

4 避免卫生间、餐厅、地下车库等区域的空气和污染物串通到室内别的空间或室外主要活动场所。住区内尽量将厨房和卫生间设置于建筑单元（或户型）自然通风的负压侧，防止厨房或卫生间的气味因主导风反灌进入室内，而影响室内空气质量。同时，可以对于不同功能房间保证一定压差，避免气味散发量大的空间（比如卫生间、餐厅、地下车库等）的气味或污染物不会串通到室内别的空间或室外主要活动场所。典型房间室内风环境需进行分析。

附录 H UTfluid 软件简介

H.1 软件概况

UTfluid 软件是一款面向行业工程技术人员、设计师、科研人员、学生的新型高性能 CFD 软件，软件技术上着力解决工程实际应用、使用效率、规范认证、参数开放性等问题。

软件研发集合了一流的工程与科研人员，运用当前世界领先的软件工程技术，广泛听取行业用户实际需求，同时借鉴吸收了其他一些著名数值仿真软件的经验，联合多方开发的高性能、高效率、高性价比数值仿真软件。

UTfluid 软件致力成为工程师、设计师的理想工具。现已先行推出英文国际版，后续会推出中文版。

H.2 软件框架及界面

UTfluid 求解器基于有限体积法，对偏微分方程进行有限体积离散，这也是大多数成熟商业 CFD 软件通用方法。

软件求解器及界面均采用 C++ 编程语言开发，求解器采用面向对象的计算力学数值模拟库，可以有效地进行大规模并行计算。软件系统具有简洁智能高效的界面，优异的网格技术，针对行业实际工程需求的物理模型选择、初始条件设置、边界条件设置、求解参数设定，快速收敛判定设置等高效智能仿真引导模版，同时对高级用户开放参数设置、仿真流程自我定制及源代码修改等高级功能。

H.3 几何接口、网格技术及物理模型

UTfluid 软件支持 AutoCAD、SketchUp、3Dmax、BIM 软件

等常见设计软件的三维模型，支持 STL、OBJ 等通用文件格式，同时与其他主流 CAE 软件亦具有接口。

软件可以依据用户具体的求解问题及其选择的仿真流程模版，高效地生成相应的高质量网格。其中网格单元类型包含结构化网格、多面体非结构化网格、四面体非结构化网格、笛卡尔网格、嵌套网格和混合网格。其中多面体网格单元具有结构化网格精度与稳定性，也兼具有四面体网格单元容易生成的特点，网格单元总体数量少，生成速度快。

（1）支持地表几何模型数据导入；

（2）软件支持边界层网格，有实际尺寸和相对尺寸 2 种方法定义；

（3）软件可以对建筑轮廓、地形等几何特征自动局部加密；

（4）支持自适应网格技术；

（5）拥有网格自动化技术，可以依据分析问题智能设置默认计算域大小和网格划分策略；

（6）拥有自动网格运动；

（7）网格拓扑改变：体单元的层化，滑动界面及其他；

（8）丰富的湍流模型；

（9）丰富的热辐射模型，包括太阳辐射；

（10）多相流分析，包括颗粒、自由液面、流固耦合等；

（11）化学反应模型，模拟燃烧等；

（12）基于 MPI，使用区域划分方法实现大规模并行。

H.4 求解精度与稳定性

UTfluid 软件具有丰富的离散格式和求解方法。

H.5 高效易用性

UTfluid 软件具有快速完成规范认证：例如一键打包生成对应规范的评价指标，快速生成简要评估报告书等功能。

软件针对建筑工程行业，提供了丰富实用的专业仿真模版。用户选择相应的模版后，仿真模拟流程自动往前推进，软件自动提供合理合适的物理模型选择、初始条件设置、边界条件设置、求解参数设置、求解结果收敛判定设置等，普通用户通过基本的鼠标点击就可以快速方便地完成模拟分析，打包输出关心指标的后处理结果，简明扼要的行业规范认证评估报告书。高级用户也可以自主完成相关操作或在软件的高级用户辅助引导界面下完成更加复杂的操作。

先期正在开发的简化与固化仿真模版有：

（1）建筑室外通风（含绿化植物景观设置）模拟分析模版；

（2）建筑室内室外通风联合模拟分析模版；

（3）建筑室内自然通风模拟分析模版；

（4）建筑室内气流组织分析模版；

（5）建筑室内热舒适度模拟模版；

（6）太阳热辐射室内热环境模拟分析模版；

（7）城市区域热岛模拟分析模版；

（8）建筑室外污染物扩散分析模版；

（9）建筑室内污染物扩散分析模版；

（10）建筑室内火灾烟气扩散分析模版。

高级用户引导辅助模版有：

（1）湍流模型选择与修正引导；

（2）壁面网格设置引导；

（3）网格质量检查与优化引导；

（4）热辐射模型设置引导；

（5）人体热舒适度模型偶合模拟引导；

（6）植物冠层多孔介质模拟引导；

（7）土壤传热传质模拟引导。

在人机交互接口方面，为了提高软件操作效率，UTfluid 软件提供了不少简便易用的功能，例如太阳热辐射计算器功能，综合性收敛判定功能。

1. 太阳辐射模型

可以输入太阳辐射直射强度、散射强度，或者直接输入太阳高度角、方位角，散射比例（附图 H-1）。

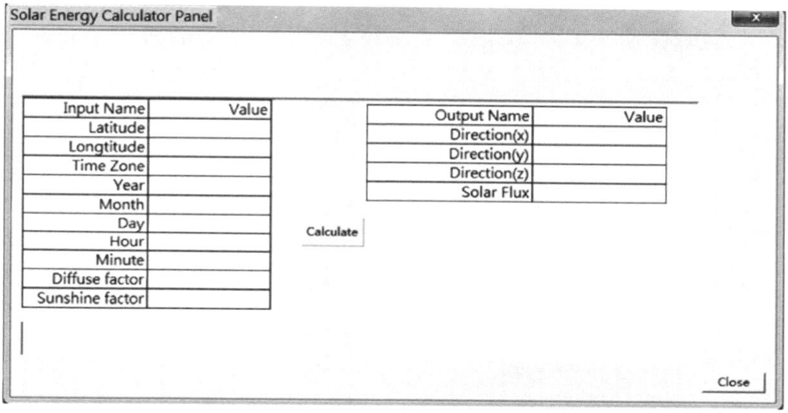

附图 H-1　太阳辐射输入界面图

2. 综合性收敛判定

可以根据用户设定的关心指标值，监测指标值稳定或可接受后，软件自动停止迭代。例如在检测点压强压力变化稳定后，在迭代步骤没有达到预先设定的步数时，软件也可以自动终止运算求解。

H.6　规　范　认　证

已加入支持的行业技术规范与标准的认证条文，可直接输出条文规定指标的后处理结果：

国家规范：《绿色建筑评价标准》（GB/T 50378—2014）。

地方性规范：浙江省《居住建筑风环境和热环境设计标准》、上海市《建筑环境数值模拟技术规范》等。

H.7　丰富的可视化输出结果

除了常规的标量、矢量等指标以云图、矢量箭头、流线及粒子动画等形式输出外，软件后处理还可以给出行业规范或标准所规定的指标值：

（1）风速放大系数；

（2）建筑物各朝向外表面上风压超过 10Pa 区域所占的面积百分比数值输出；

（3）建筑物迎风面与背风面外墙上的前后压差值及表面平均压强值输出；

（4）热强度；

（5）热岛强度；

（6）空气龄；

（7）热舒适度指标；

（8）室内房间通风换气次数；

（9）室内外表面门窗风压差；

（10）建筑门窗可开启面积比例计算。

H.8 实例：建筑室外室内自然通风联合模拟

1. 问题描述

如附图 H-2 所示，本案例是对整个地块及区域内的 A、B 建筑的一层，进行室外室内自然通风过程一体化的联合模拟分析。来流初始条件选取当地典型风向的平均风速，平均风速为 3.6m/s，并且假设 A、B 两栋建筑物的一层门窗全部打开。

附图 H-2　建筑群示意图

为了减小人工设定的计算域对模拟结果精度的影响，流场的计算域应该尽量大，但这样会带来网格单元数量和计算量的增大，因此需要选择合适的计算域。通常流动方向的尾部区域应该尽量大，从而消除对尾流的影响，本模拟分析采用软件默认推荐的设定值，计算域设定为建筑物前方 80m，后方 150m，上方 100m，侧面 60m，如附图 H-3 所示。

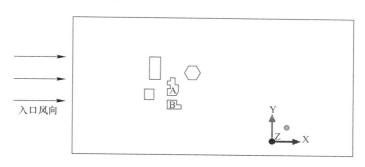

附图 H-3　外流场区域示意图

2. 分析过程

UTfluid 软件的前处理和求解设置均在一个界面中完成，应用其高级用户引导辅助模版功能，本次分析以用户自主逐步操作为主。对于建筑室内外自然通风一体化分析而言，分析过程主要包括前处理、模型设置和后处理三个方面。

（1）前处理：导入建筑物的几何模型，设置计算域大小，划分网格等。

（2）求解设置：设置流体介质属性，边界条件和求解控制等，进行求解，直至收敛。

（3）后处理：得到建筑物表面的压力云图、周围的速度场等。

3. 操作过程

1）启动界面

界面主要包含菜单栏、工具栏、模型设置列表、图形区和文本信息区，如附图 H-4 所示。

（1）菜单栏：包含模型、界面、视图、网格、求解设置等的相关标签。

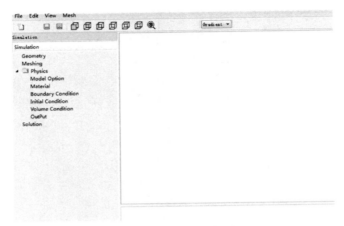

附图 H-4　界面示意图

（2）工具栏：使用软件进行模型分析的大部分快捷键按钮。

（3）模型设置列表栏：通过 tab 页面高效简洁地管理整个仿真流程，包括几何模型、网格设定与模型、求解器、边界条件、材料数据库、求解器设置和后处理。

（4）图形显示区：显示三维模型，通过鼠标进行显示/隐藏，旋转视图，属性参数设置等操作。

（5）信息提示区：主要是操作过程的历史记录及错误信息提示的显示区。

2）新建分析模型

单击菜单栏的 File 按钮，在弹出的对话框中选择 New 新建，弹出的窗口输入新建模型的名字和文件夹位置，单击 OK，关闭该窗口，如附图 H-5 所示。

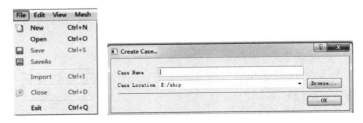

附图 H-5　新建模型

3）导入建筑物几何模型

单击 File 下的 Import 选项，在弹出的对话框选择建筑模型的几何格式和几何文件，选中后单击 Open 按钮打开模型（附图 H-6）。

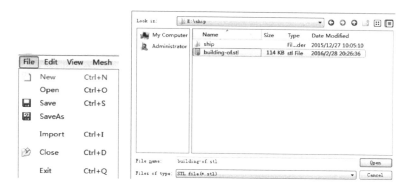

附图 H-6　导入几何模型

打开后，图形显示区会显示出包含了计算域边界的整个计划模型，右击表面在弹出的选项中选择 Blank 隐藏功能，对其外流场的边界面隐藏操作，保留建筑轮廓和地面（附图 H-7）。

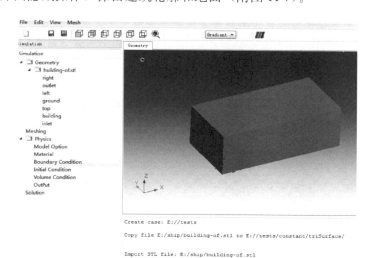

附图 H-7　模型导入后界面示意图（一）

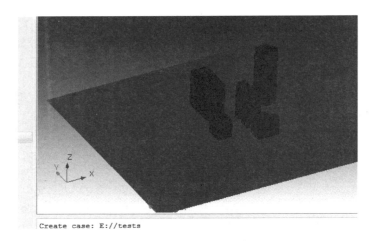

Create case: E://tests

附图 H-7　模型导入后界面示意图（二）

4）网格划分

导入建筑几何模型后需要对其进行网格尺寸设置和网格划分。

（1）在设置列表的 Meshing 标签上右击选择 Mesh Setting，弹出网格设置对话框。

（2）在 General 选项卡下进行 snappy 网格的流程选择及精度设置（附图 H-8）。

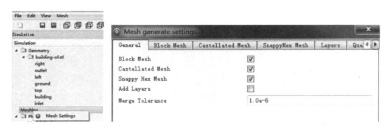

附图 H-8　网格设置 1

（3）在 Block Mesh 选项卡下进行计算域内背景网格的相关设置，包括背景网格区域尺寸，网格尺寸，背景网格各个边界面的名字和边界类型等，方便后续的操作和管理（附图 H-9）。

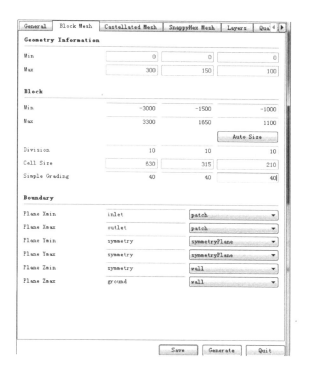

附图 H-9 网格设置 2

（4）在 Castellated Mesh 下选项卡下进行切割网格的具体设置，包括全局最大网格数量、细化等级、表面加密区域尺寸设置、体加密区创建等（附图 H-10）。

（5）在 SnappyHex Mesh 下进行 snappy 网格控制的参数。

（6）在 Layers 下对边界层网格设置，含边界层尺寸、数量、增加因子及其他质量控制参数（附图 H-11）。

（7）在 Quality 选项下进行总体网格质量影响参数的设置（附图 H-12）。

（8）进行完所有的网格设置后，点击 Save 进行保存。

（9）点击 Generate 进行网格划分。

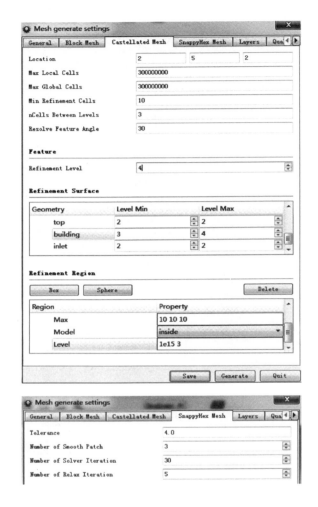

附图 H-10　网格设置 3

（10）生成后的网格如附图 H-13 所示，信息窗口显示会相应显示体网格单元数量、节点数量及各边界的网格面数量等信息。

5）选择湍流模型

选择雷诺平均 RANS k-e 湍流模型（附图 H-14）。

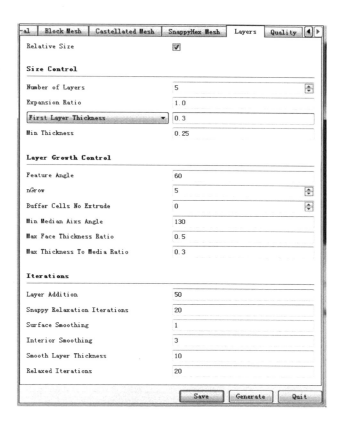

附图 H-11　网格设置 4

6) 设置流体介质的黏性属性（附图 H-15）。

7) 边界条件设置

（1）入口边界条件设置

单击 Boundary Condition 下的 Inlet 边界，设置入口类型为速度入口，并给定入口速度、湍流动能和耗散率（附图 H-16）。

（2）出口边界条件设置

单击 Boundary Condition 下的 Outlet 边界，设置出口类型为压力出口，并给定出口压力、湍流动能和耗散率（附图 H-17）。

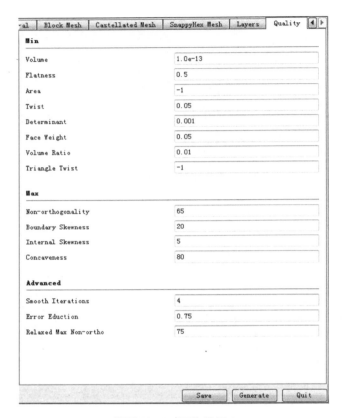

附图 H-12　网格设置 5

（3）对称边界设置

对于外围边界的侧面和顶面，边界类型全部默认为 Symmetry（附图 H-18）。

（4）固定壁面边界设置

对于地面和建筑物表面，均设定边界类型为 Wall，并给定压力和速度的值，按默认即可（附图 H-19）。

8）求解设置

设定稳态求解步数及中间保存间隔，可根据网格的精细程度选择求解器的精度，软件会自动设定给出相应的求解控制参数值，设置完后直接求解计算，并监控空间点的压力和残差曲线（附图 H-20）。

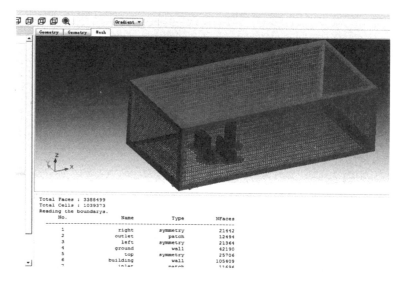

附图 H-13　网格设置 6

Turbulence Modeling

• RANS

Modeling Options

Model	RNG k-ε

附图 H-14　湍流模型选择

Transport Properties

Transport Model	Newtonian
ν [m²/s]	1e-05

附图 H-15　流介质黏性选择

	Velocity Inlet		
Type	Fixed Value		
value [m/s]	uniform	3.6	0	0
Type	Turbulent Intensity Inlet		
k	0.05		
Type	Fixed Value		
ε	uniform	1	

附图 H-16　入口边界条件设置

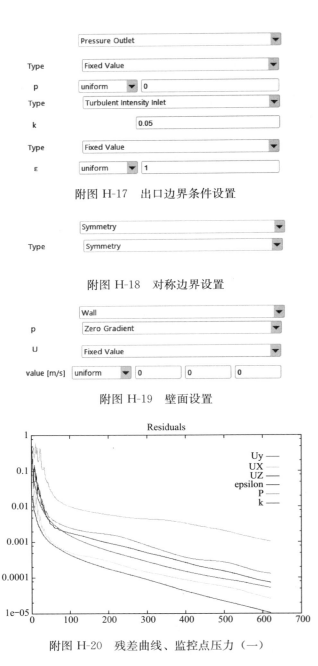

附图 H-17　出口边界条件设置

附图 H-18　对称边界设置

附图 H-19　壁面设置

附图 H-20　残差曲线、监控点压力（一）

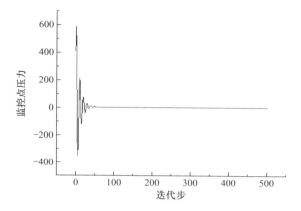

附图 H-20　残差曲线、监控点压力（二）

9）后处理

在求解完成之后可以直接在界面中进行结果后处理。

（1）区域内流场速度云图结果（附图 H-21）

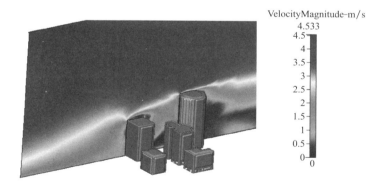

附图 H-21　区域内流场速度云图

（2）建筑物表面压力云图显示（附图 H-22）

（3）区域内流场流线结果显示（附图 H-23）

（4）截面速度场矢量结果显示（附图 H-24）

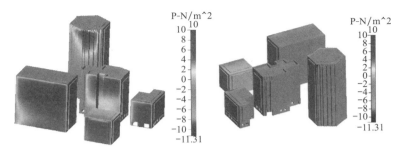

附图 H-22　建筑物表面压力云图

附图 H-23　区域内流场流线图

附图 H-24　截面速度场矢量图

主要参考文献

一、绿色建筑标准与规范

[1] 中国建筑科学研究院，上海市建筑科学研究院. GB/T 50378—2006 绿色建筑评价标准 [S]. 北京：中国建筑工业出版社，2006.

[2] 中国建筑科学研究院，上海市建筑科学研究院（集团）有限公司. GB/T 50378—2014 绿色建筑评价标准 [S]. 北京：中国建筑工业出版社，2014.

[3] 广东省建筑科学研究院. DBJ/T 15—83—2011 广东省绿色建筑评价标准 [S]. 北京：中国建筑工业出版社，2011.

[4] 中国建筑科学研究院. JGJ/T 229—2010 民用建筑绿色设计规范 [S]. 北京：中国建筑工业出版社，2011.

[5] 北京市规划委员会. DB 11/938—2012 绿色建筑设计标准 [S]. 北京：中国建筑工业出版社，2013.

[6] 重庆建设技术发展中心. DBJ 50—052—2013 重庆市公共建筑节能（绿色建筑）设计标准 [S]. 重庆：重庆市建设技术发展中心，2013.

[7] 浙江大学建筑设计研究院有限公司. DB 33/1092—2013 民用建筑绿色设计标准 [S]. 杭州：浙江工商大学出版社，2013.

二、气候、气象、地理

[8] 中央气象局. 中国气候图集 [M]. 北京：地图出版社，1966.

[9] 严钦尚，曾昭璇. 地貌学 [M]. 北京：高等教育工业出版社，1985.

[10] 程纯枢. 中国农业百科全书：农业气象卷 [M]. 北京：农业出版社，1986.

[11] 中国建筑科学研究院. GB 50176—93 民用建筑热工设计规范 [S]. 北京：中国计划出版社，1993.

[12] 中国建筑科学研究院. GB 50178—93 建筑气候区划标准 [S]. 北京：中国计划出版社，1994.

[13] 中国城市规划设计研究院. GB 50180—93 城市居住区规划设计规范（2002 年版）[S]. 北京：中国建筑工业出版社，2002.

[14] 贺庆棠，卢佩玲. 气象学 [M]. 第 3 版. 北京：中国林业出版社，2010.

[15] 周淑贞. 气象学与气候学 [M]. 第 3 版. 北京：高等教育出版社，1997.

[16] 于贵瑞. 中国陆地生态系统空间化信息研究图集：气候要素分卷 [M]. 北京：气象出版社，2004.

[17] 中国气象局气象信息中心气象资料室. 中国建筑热环境分析专用气象数据集 [M]. 北京：中国建筑工业出版社，2005.

[18] 寿绍文. 中尺度气象学 [M]. 第 2 版. 北京：气象出版社，2009.

[19] 张晴原，杨洪兴. 建筑用标准气象数据手册 [M]. 北京：中国建筑工业出版社，2012.

[20] 丁一汇. 中国气候 [M]. 北京：科学出版社，2013.

三、风环境

[21] 陈飞. 建筑风环境：夏热冬冷气候区风环境研究与建筑节能设计 [M]. 北京：中国建筑工业出版社，2009.

[22] （日）日本建筑学会. 建筑风荷载流体计算指南 [M]. 北京：中国建筑工业出版社，2010.

[23] 王振. 绿色城市街区：基于城市微气候的街区层峡设计研究 [M]. 南京：东南大学出版社，2010.

[24] （日）风洞实验指南研究委员会. 建筑风洞实验指南 [M]. 孙瑛等译. 北京：中国建筑工业出版社，2011.

[25] 陈晓扬. 建筑设计与自然通风 [M]. 北京：中国电力出版社，2011.

[26] 顾兆林，张云伟. 城市与建筑风环境的大涡模拟方法及其应用 [M]. 北京：科学出版社，2014.

[27] 杨丽. 绿色建筑设计：建筑风环境 [M]. 上海：同济大学出版社，2014.

四、热环境

[28] 华南理工大学. JGJ 286—2013 城市居住区热环境设计标准 [S]. 北京：中国建筑工业出版社，2014.

[29] 林宪德. 人居热环境：建筑风土设计的第一课 [M]. 台北：詹式书局，2009.

[30] 孟丹. 京津冀都市圈热环境研究 [M]. 北京：中国环境科学出版社，2010.

[31] 林波荣，李晓锋. 居住区热环境控制与改善技术研究 [M]. 北京：中国建筑工业出版社，2010.

[32] 胡永红，秦俊. 城镇居住区绿化改善热岛效应技术 [M]. 北京：中国

建筑工业出版社，2010.

[33] 黄建华，张慧. 人与热环境 [M]. 北京：科学出版社，2011.

[34] 胡嘉骢，魏信，陈声海. 北京城市热场时空分布及景观生态因子研究 [M]. 北京：北京师范大学出版社，2014.

五、CFD

[35] 王福军. 计算流体动力学分析：CFD 软件原理与应用 [M]. 北京：清华大学出版社，2004.

[36] （日）村上周三. CFD 与建筑环境设计 [M]. 北京：中国建筑工业出版社，2007.

[37] 何志霞，王谦，袁建平. 数值热物理过程：基本原理及 CFD 软件应用 [M]. 江苏：江苏大学出版社，2009.

[38] 李明，李明高. STAR—CCM＋与流场计算 [M]. 北京：机械工业出版社，2011.

[39] 李鹏飞，徐敏义，王飞飞. 精通 CFD 工程仿真与案例实战：FLUENT GAMBIT ICEM CFD Tecplot [M]. 北京：人民邮电出版社，2011.

[40] 张师帅. 计算流体动力学及其应用：CFD 软件的原理与应用 [M]. 武汉：华中科技大学出版社，2011.

[41] 顾磊，潘亮，齐宏拓. 风载荷的 CFD 数值模拟：以体育场和膜结构为例 [M]. 北京：人民交通出版社，2012

六、原理与教材

[42] 章熙民. 传热学 [M]. 北京：中国建筑工业出版社，2007.

[43] 刘念雄，秦佑国. 建筑热环境 [M]. 北京：清华大学出版社，2007.

[44] （美）弗兰克·P. 英克鲁佩勒. 传热和传质基础原理（原著第六版）[M]. 北京：化学工业出版社，2007.

[45] 廉乐明. 工程热力学 [M]. 第 5 版. 北京：中国建筑工业出版社，2007.

[46] 柳孝图. 建筑物理 [M]. 第 3 版. 北京：中国建筑工业出版社，2010.

[47] 骆天庆，王敏，戴代新. 现代生态规划设计的基本理论与方法 [M]. 北京：中国建筑工业出版社，2008.

[48] 郑曙旸，刘琦，方晓风. 建筑物理环境设计 [M]. 北京：中国水利水电出版社，2010.

[49] 荆其敏，张丽安. 建筑环境设计 [M]. 天津：天津大学出版社，2010.

[50] 李念平. 建筑环境学 [M]. 北京：化学工业出版社，2010.

［51］ 郑丹星. 流体与过程热力学 ［M］. 第 2 版. 北京：化学工业出版社，2010.

［52］ 杨柳. 建筑气候学 ［M］. 北京：中国建筑工业出版社，2010.

［53］ 刘加平. 城市环境物理 ［M］. 北京：中国建筑工业出版社，2010.

［54］ （德）欧特尔. 普朗特流体力学基础 ［M］. 朱自强，钱翼稷，李宗瑞译. 北京：科学出版社，2008.

七、其他相关出版物

［55］ （英）大卫·劳埃德·琼斯. 建筑与环境：生态气候学建筑设计 ［M］. 王茹，贾红博译. 北京：中国建筑工业出版社，2005.

［56］ （英）伍利. 绿色建筑手册 1 ［M］. 唐钲，许滇译. 北京：机械工业出版社，2006.

［57］ 毕凌岚. 城市生态系统空间形态与规划 ［M］. 北京：中国建筑工业出版社，2007.

［58］ 郑洁，黄炜，赵声萍. 绿色建筑热湿环境及保障技术 ［M］. 北京：化学工业出版社，2007.

［59］ 冉茂宇，刘煜. 生态建筑 ［M］. 武汉：华中科技大学出版社，2008.

［60］ 住房和城乡建设部标准定额研究所. 居住建筑节能设计标准应用技术导则：严寒和寒冷、夏热冬冷地区 ［M］. 北京：中国建筑工业出版社，2010.

［61］ 杨榕. 绿色建筑评价技术指南 ［M］. 北京：中国建筑工业出版社，2010.

［62］ 张鲲. 气候与建筑形式解析 ［M］. 成都：四川大学出版社，2010.

［63］ （美）ASHRAE TC9. 9. 数据处理环境热指南 ［M］. 沈添鸿译. 北京：中国建筑工业出版社，2010.

［64］ （美）格林. 小街道与绿色社区：社区与环境设计 ［M］. 范锐星，梁蕾译. 北京：中国建筑工业出版社，2010.

［65］ 王静. 城市住区绿色评估体系的应用与优化 ［M］. 北京：中国建筑工业出版社，2010.

［66］ （美）基思·莫斯科. 可持续建筑 20 例：设计·施工·管理 ［M］. 邹越，高辉，译. 北京：中国建筑工业出版社，2010.

［67］ 何立群，丁力行. 太阳能建筑的热物理计算基础 ［M］. 合肥：中国科学技术大学出版社，2011.

［68］ （英）彼得·F·史密斯. 为气候改变而建造：建造，规划和能源领域面临的挑战 ［M］. 邢晓春，陈晖，孙茹雁，译. 北京：中国建筑工业

出版社，2011.

[69] （美）吉沃尼. 建筑设计和城市设计中的气候因素 [M]. 汪芳，等，译. 北京：中国建筑工业出版社，2011.

[70] 凤凰空间·上海. 低能耗建筑 [M]. 南京：江苏人民出版社，2011.

[71] 凤凰空间·上海. 低能耗建筑 2 [M]. 南京：江苏人民出版社，2012.

[72] 中国建筑文化中心. 世界绿色建筑：热环境解决方案 [M]. 南京：江苏人民出版社，2012.

[73] 白润波，孙勇，马向前，徐宗美. 绿色建筑系列：绿色建筑节能技术与实例 [M]. 北京：化学工业出版社，2012.

[74] 任超，吴恩融. 城市环境气候图：可持续城市规划辅助信息系统工具 [M]. 北京：中国建筑工业出版社，2012.

[75] 住房和城乡建设部建筑节能与科技司. 绿色建筑和低能耗建筑示范工程：公共建筑技术创新与实践 [M]. 北京：中国建筑工业出版社，2013.

[76] 中国建筑科学研究院. GB 50009—2012 建筑结构荷载规范 [S]. 北京：中国建筑工业出版社，2012.

[77] 中国建筑科学研究院. GB 50736—2012 民用建筑供暖通风与空气调节设计规范 [S]. 北京：中国建筑工业出版社，2012.

八、其他相关论文

[78] 柳孝图，陈恩水. 城市热环境及其微热环境的改善 [J]. 环境科学，1997（1）：54-58.

[79] 钮珍南，杜向东，李长令，等. 体育场内场风环境模拟实验研究 [J]. 空气动力学学报，1999，17（3）.

[80] 张士翔. 从风环境试验看建筑群对自身风环境的影响：深圳福田商城建筑风洞风环境试验研究 [J]. 四川建筑科学研究，2000，26（2）：10-13.

[81] 赵敬源，刘加平，李国华. 庭院式民居夏季热环境研究 [J]. 西北建筑工程学院学报，2001，18（1）：8-11.

[82] 邢永杰，沈天行，刘芳. 太阳辐射下不同地表覆盖物的热反应及对城市热环境的影响 [J]. 太阳能学报，2002，23（6）：717-720.

[83] 陈云浩，李晓兵，史培军，何春阳. 上海城市热环境的空间格局分析 [J] 地理科学，2002，22（3）：317-323.

[84] 陈云浩，史培军，李晓兵. 基于遥感和 GIS 的上海城市空间热环境研

究［J］. 测绘学报，2002，31（2）：139-144.

［85］ 叶海，魏润柏. 热环境客观评价的一种简易方法［J］. 人类工效学，2004，10（3）：16-19.

［86］ 申绍杰，试议. "凉爽城市"的建设［J］. 长安大学学报，2004，21（3）：38-41.

［87］ 林亚宏，支军，刘传聚. CFD 模拟在某游泳馆通风空调设计中的应用［J］. 建筑热能通风空调，2004，23（5）：49-52.

［88］ 罗明智，李百战，徐小林. 重庆夏季教室热环境研究［J］. 重庆建筑大学学报，2005，27（1）：88-91.

［89］ 徐小林，李百战. 室内热环境对人体热舒适的影响［J］. 重庆大学学报，2005，28（4）：102-105.

［90］ 肖荣波，欧阳志云，李伟峰，等. 城市热岛的生态环境效应［J］. 生态学报，2005，25（8）：2055-2060.

［91］ 霍小平，葛翠玉. 建筑室内热环境测试与分析［J］. 建筑科学与工程学报，2005，22（2）：75-78.

［92］ 刘辉志，姜瑜君，梁彬，等. 城市高大建筑群周围风环境研究［J］. 中国科学 D 辑地球科学，2005，35（S1）：84-96

［93］ 周正平，董凯军，刘蔚巍，等. 空调房间气流组织与人体热舒适关系的初步探讨［J］. 制冷空调与电力机械，2006，1（27）：17-20.

［94］ 唐鸣放，王东，郑开丽. 山地城市绿化与热环境［J］. 重庆建筑大学学报，2006，28（2）：1-3.

［95］ 李鸥，余庄. 基于气候调节的城市通风道探析［J］. 自然资源学报，2006，21（6）：991-997.

［96］ 岳文泽，徐丽华. 城市土地利用类型及格局的热环境效应研究（以上海市中心城区为例）［J］. 地理科学，2007，27（2）：243-248

［97］ 王芳，卓莉，冯艳芬. 广州市冬夏季热岛的空间格局及其差异分析［J］. 热带地理，2007，27（3）：198-202.

［98］ 袁秀岭，于小平，付强. 高层建筑风环境探析［J］. 工业建筑，2007，37：4-7.

［99］ 龙从勇，罗行，黄晨. 自然通风作用下生态建筑热环境测试与数值模拟［J］. 制冷空调与电力机械，2007，118（28）：12-14.

［100］ 陈飞. 高层建筑风环境研究［J］. 建筑学报，2008，37：72-77.

［101］ 李莉. 夏季居住建筑室内热舒适及其空调环境标准［J］. 集美大学学报，2009，14（4）：35-41.

[102] 郭飞，路晓东，孔宇航. 阳光与风——被动式节能设计实践初探 [J]. 低温建筑技术，2009，7：104-105.

[103] 黄寿元，张奕君，申培文，等. 基于 PMV—PPD 与空气龄的空调办公室内热环境数值预测与评价 [J]. 制冷与空调，2010，24（6）：80-85.

[104] 时光. 引入风环境设计理念的住区规划模式研究 [D]. 西安：长安大学，2010.

[105] 郑景云，尹云鹤，李炳元. 中国气候区划新方案 [J]. 地理学报，2010，（1）：3-12.

[106] 王颖. 过渡季节自然通风节能效果分析 [J]. 建筑节能，2011，10（39）：19-22.

[107] 王全，刘燕敏，万嘉凤，等. 某大空间阅览室送风方式的研究 [J]. 建筑节能，2011，39（249）：19-23.

[108] 徐涵秋. 基于城市地表参数变化的城市热岛效应分析 [J]. 生态学报，2011，31（14）：3890-3901.

[109] 张华玲，周甜甜. 低碳建筑在方案阶段的自然通风模拟设计 [J]. 工业建筑，2012，42（2）：1-4.

[110] 蒋新波，陈蔚，廖建军，等. 南方城市小区风环境模拟与分析 [J]. 建筑节能，2012，40（254）：15-18.

[111] 刘彩霞，邹声华，杨如辉. 基于 Airpak 的室内空气品质分析 [J]. 制冷与空调，2012，26（4）：381-384.

[112] 宁传科，孙逊宝，王雯，等. 计算机模拟对建筑自然通风和遮阳的优化设计 [J]. 建筑节能，2012，40（254）：11-14.

[113] 王龙，潘毅群，黄治钟. 建筑外窗自然通风流量系数的影响因素分析 [J]. 建筑节能，2012，40（256）：12-14.

[114] 杨如辉，邹声华，张登春. 空调列车软卧包厢内置换通风热环境数值模拟 [J]. 湖南科技大学学报，2012，27（1）：121-125.

[115] 南旭，钱华，郑晓红，等. 某大礼堂自然通风热舒适性分析 [J]. 建筑节能，2013，41（270）：10-14.

[116] 刘小芳，李宝鑫，芦岩，等. 既有围合场地中建筑布局对室外风环境的影响分析 [J]. 建筑节能，2013，41（268）：62-67.

[117] 李晓彬，李峥嵘，赵群，等. 上海市建筑群布置对自然通风的影响分析 [J]. 建筑节能，2013，41（269）：12-15.

[118] 李文杰. 天津某公共建筑自然通风模拟优化研究 [J]. 建筑节能，

2013（3）：25-27.

［119］ 赵学义，黄海. 建筑外墙绿化对室内热环境的影响测试分析［J］. 建筑节能，2013，6（41）：40-43.

［120］ 朱海，彭兴黔，高志飞，等. 低矮异型建筑风环境的数值模拟［J］. 建筑结构学报 2010（S2）：187-192.

［121］ 朱春，张旭，胡松涛. 列车空调卧铺包厢条缝送风热舒适数值模拟［C］//中国制冷学会学术年会，2007.

后　记

　　动笔时想法和之前出版的《夏热冬冷地区（浙江）建筑节能设计简明手册》差不多。作为建正工程师笔记丛书中的一部，同样也是因为在生产工作中遇到困难，于是想着去解决。

　　首稿成于 2013 年 9 月，然后对照着在进行的工程来验算复核，又不断地做修改，2015 年 8 月给业内的诸多前辈、老师和专家们审了一下，又找到不少问题，然后一直改到现在。

　　搜集资料用了不少时间，书籍、期刊、百度、Google、知网、万方逐个翻查过来，愈发觉得有做的必要，摘取一些困惑的节点在第 2 章中作了描述。关于"绿色建筑风环境与热环境分析"这个主题，大家都有自己的见解，不过对于边界条件的梳理还没系统地做过，所以不管是 2006 版本的《绿色建筑评价标准》还是 2014 版本的，本书都是适用的。本书的案例分析都是在 2013 年完成的，所以采用 2006 版的标准，但现行标准已是 2014 版的，故简单增加对 2014 版标准的分析。

　　和本书主题关联性最大的是：陈飞的《建筑风环境：夏热冬冷气候区风环境研究与建筑节能设计》、杨丽的《绿色建筑设计：建筑风环境》。由于编撰的时间跨度有点长，在快结稿的时候才看到杨丽老师的书，可惜只是翻阅，没有作太深的钻研。

　　编撰过程中还遇到了华南理工大学主编的《城市居住区热环境设计标准》，于是用此标准提到的方法对本书第四章的案例进行了验算，并在 4.2～4.4 节的结果分析中作了描述。

　　截稿的时候，浙江省工程建设标准《居住建筑风环境和热环境设计标准》（DB 33/1111—2015）已正式发布，内容与附录 C 有相近之处，有兴趣的朋友可自行翻阅。

　　总的说来，本书最精髓的部分在 3.2.4、3.2.5 与 3.3.4、3.3.5，然后展开其他章节对此进行关联性分析和合理性论述。

　　最末，再次感谢诸多前辈、老师和专家在百忙之中抽空帮忙审稿。

　　祝各位同好的科研与工程成果更上一层楼！

曾　理

2016 年春节于温州